바이오테크
익스프레스

일러두기

1 이 책은 바이오테크 기업 큐리언트 웹사이트에 연재한 만화를 다듬어 엮은 것이다.
2 책에서 소개하는 개발 신약은 모두 큐리언트의 연구를 소재로 한다.
3 단행본은『 』, 단편은「 」, 영화는〈 〉로 구분했다.
4 독자의 이해를 돕기 위해 주요 개념이나 한글만으로 뜻을 이해하기 힘든 용어의 경우에는 원어를 병기했다.

바이오테크 익스프레스

혁신 신약을 찾아서

초판 1쇄 찍은날	2024년 12월 9일
초판 1쇄 펴낸날	2024년 12월 24일
지은이	조진호
펴낸이	한성봉
편집	김선형
콘텐츠제작	안상준
디자인	최세정
마케팅	박신용·오주형·박민지·이예지
경영지원	국지연·송인경
펴낸곳	히포크라테스
등록	2022년 10월 5일 제2022-000102호
주소	서울 중구 필동로8길 73 [예장동 1-42] 동아시아빌딩
페이스북	www.facebook.com/dongasiabooks
전자우편	dongasiabook@naver.com
블로그	blog.naver.com/dongasiabook
인스타그램	www.instargram.com/hippocrates_book
전화	02) 757-9724, 5
팩스	02) 757-9726

ISBN 979-11-93690-05-5 07400

※ 히포크라테스는 동아시아 출판사의 의치약·생명과학 브랜드입니다.
※ 잘못된 책은 구입하신 서점에서 바꿔드립니다.

만든 사람들

총괄 진행	김선형
편집	전인수
교정 교열	김대훈
크로스교열	안상준
디자인	페이퍼컷 장상호

BIOTECH EXPRESS

A SCIENCE GRAPHIC NOVEL

바이오테크 익스프레스

혁신 신약을 찾아서

조진호 글·그림

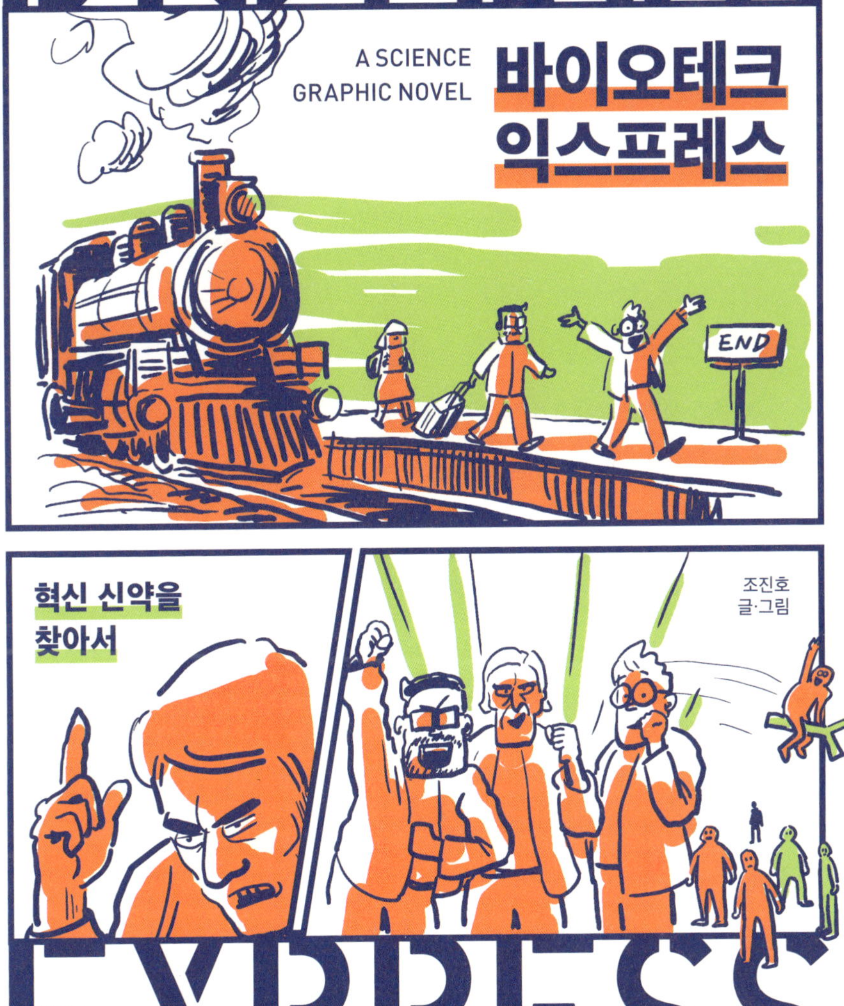

히포크라테스

추천사

미래 의약학의 최전선을 만나다

항성 • 과학전문 유튜브 〈안될과학〉 과학 커뮤니케이터

인공지능과 함께 인류의 미래를 결정할 이 놀라운 기술은 이미 우리 삶 깊숙이 들어와 있다. 그러나 정작 이 분야가 어떻게 작동하는지, 어떤 원리로 신약이 개발되는지는 좀처럼 이해하기 쉽지 않다. 『바이오테크 익스프레스』는 아직은 낯설고 때로는 난해한 바이오테크 분야를 독자들이 쉽게 이해할 수 있도록 안내하는 탁월한 길잡이다. 최신 바이오테크 연구 현장의 모습을 만화로 그려낸 이 책은 항암제와 결핵 치료제 개발 과정을 따라가며 신약 개발의 전 과정을 흥미진진하게 보여준다. 단순히 과학지식을 전달하는 데 그치지 않고, 연구자들의 도전과 좌절 그리고 성공의 스토리를 통해 바이오테크 연구의 실제 모습을 생생하게 담아냈다.

유전자, 중력, 원자, 진화를 다룬 '익스프레스' 시리즈의 전통을 이어받은 『바이오테크 익스프레스』는 '현재진행형'인 과학의 첨단 분야를 다룬다는 점에서 더욱 특별하다. 독자들은 이제 과학의 역사와 기록을 넘어 미래 의약학의 최전선에서 벌어지고 있는 흥미진진한 도전을 목격하게 될 것이다. 청소년부터 성인까지 생명과학에 관심 있는 모든 이들에게 이 책을 추천한다. 특히 진로를 고민하는 청소년들에게는 바이오테크 분야의 현장감 있는 모습을 미리 들여다볼 수 있는 훌륭한 안내서가 될 것이다.

현재진행형의 과학이 궁금하다면

안주현 • 생물학자, 『안주현의 과학 언더스탠딩』 저자

면역계 이야기는 언제나 재미있다. 세포와 분자 수준에서 일어나는 치열한 공격과 방어를 상상하노라면 인체를 배경으로 펼쳐지는 한 편의 전쟁영화가 떠오른다. 하지만 사실 어렵다. 현실의 사건은 대부분 단선적 경로만으로 일어나지 않으니까. 이 책은 그 복잡다단한 경로 속에서 암을 극복하기 위한 실마리를 찾아 해결 전략을 개발한 바이오테크 분야 연구 성과를 다루고 있다. 암세포로 인해 일어나는 사건과 최신 항암제의 작용 기전을 모두 다루고 있기에 자칫 어려울 수 있는 내용이지만, 저자의 적절한 그림과 재치 있고 성실한 비유가 더해져 친절한 안내서가 되었다. 바이오테크와 신약 분야에서 매일 새로운 연구 결과들이 쏟아져 나오고 있는 지금, 현재진행형의 과학이 궁금하다면 이 책을 펼쳐보자.

쉽고 재미있는 항암제, 신약 개발 이야기

황만순 • 한국투자파트너스 대표, 『대한민국 바이오 투자』 저자

"알아야 면장"이라는 말이 있다. 어떤 일이건 지식과 실력이 있어야 한다는 말이다. 투자도 마찬가지다. 알아야 설명을 하고 상대가 이해해야 투자가 이루어진다. 오래전 IT를 전공한 투자심사 역 한 분이 이런 말을 했다. 바이오 기업의 투자설명회를 다녀왔는데, 추상화 같다고 했다. "흰 바탕에 모르는 용어와 그림이 있는데, 그게 좋다고 하니 좋은 줄 알아"라는 느낌이라고 했다. 주변에서도 늘 듣고 나의 몸에서 언제나 벌어지고 있는데 '그게 뭐지'라고 물으면 답하기 어려운 게 있다. 암, 항암제, 결핵이란 단어를 모르는 사람은 없지만, 자세히 설명해 보라고 하면 막연하다.

이 책은 항암제와 결핵에 대한 커뮤니케이션이고, 면장을 할 수 있게 해준다. 난해하고 어려운 분야를 가볍고 쉽게 독자에게 안내한다. 앞으로 이공계를 전공할 학생이나 관련 분야 신입 직원에게 권하고 싶다. 생명공학의 미래를 꿈꾸는 사람들이 이 책을 보면서 확신을 가지길 바란다.

바이오테크, 신약 개발의 설렘

남기연 • 큐리언트 대표

대학 입학과 함께 생명과학과 동행한 지 30여 년이 지났다. 1990년대 초반 대학교의 생명과학은 미국에서부터 시작된 바이오테크 혁명을 서서히 반영하고 있었고, 교과서가 발전하는 과학을 따라가기 벅차하는 단계였다. 교재 외에 '원서'라 불리던 영문 교과서를 직접 구해 읽고, 학교 정기간행물실에서 《사이언스》, 《네이처》와 같은 학술지 논문을 복사해 읽으면서 어렵게 첨단 과학을 따라가려 노력하던 때가 생각난다. 어렵기는 했지만 행복한 시간이었다. 수백 년간 쌓여온 학문을 스펀지처럼 흡수할 수 있었기 때문이다. 좋은 논문을 찾으면 마치 기다리던 데이트라도 성사된 듯 가슴이 두근거리기도 했다.

박사과정을 지나 글로벌 제약사에서 연구하고 바이오테크 산업 최첨단에 서 있는 지금, 또 다른 설렘을 느낀다. 배움에 전념할 때와 달리, 새로운 사실을 밝혀나가고 그 사실을 기반으로 새로운 약을 만드는 설렘이다. 지식을 만드는 설렘이 과학 하는 설렘이라면, 신약을 만드는 설렘은 그 과학을 기반으로 환자를 치료하는 설렘, 그 결과를 통해 경제적 이익을 만드는 설렘이다. 교과서 한 페이지 분량의 과학적 사실을 밝혀내기 위해 과학자는 평생을 바치기도 한다. 신약 개발도 엄청난 시간과 노력, 자본이 필요한 일이다. 그럼에도 가장 큰 동기부여는 설렘이다. 『바이오테크 익스프레스』는 이 복잡미묘한 설렘을 만화로 잘 표현하고 있다. 무엇보다 연구개발에 매달린 수많은 연구자의 노력도 함께 보여주고 있다. 세상을 바꾸는 신약은 누구 하나의 천재성이 아닌, 많은 사람들의 믿음과 노력으로 만들어진다. 그래서 바이오테크는 모두에게 열려 있는 분야이기도 하다. 『바이오테크 익스프레스』를 통해 신약 개발과 같은 신산업에 대한 이해가 좀 더 넓어지고, 더 많은 사람들이 이 노력에 동참할 수 있으면 좋겠다.

프롤로그 — 바이오테크의 세계

항암제와 함께하는 이번 여정에서 독자분들은 암이라는 적에 대해, 그리고 암을 제거하기 위한 항암제의 반격에 대해 전에 없이 구체적인 이야기를 듣게 될 겁니다. 단순히 암과 몇 가지 항암제에 대해 소개하려는 것이 아닙니다. 인간을 굴복시키는 암의 치밀한 전략과 그에 맞서는 현대 의약학의 팽팽한 싸움을 그려내려 노력했습니다.

암에 맞서온 인류는 지금까지 부분적으로 승리하는 데 그쳤습니다. 하지만 과학은 결코 싸움을 멈추지 않았습니다. 바이오테크의 역사에는 이들의 사투가 생생히 기록돼 있으며 여전한 진격이 펼쳐지고 있습니다. 이제 전장은 점점 좁아지고 있고, 과학자들의 기발한 항암 전략으로 암의 기세도 이전 같지 않습니다. 항암, 그리고 항암제 개발에 무슨 일이 벌어졌고 또 벌어지고 있는 걸까요? 책의 끝에서 여러분은 질문에 대한 몇 가지 답을 내릴 수 있을 겁니다.

무엇보다 이 책이 떠오르는 바이오테크 산업을 다루고 있다는 점을 강조하고 싶습니다. 생명공학과 항암제에 대한 상세한 이야기를 통해 의약학에 관심이 많은 분들에게 지적인 만족감을 주었으면 좋겠습니다. 또한 바이오테크에 대한 최신 정보가 만화로 그려진 경우는 아직 많지 않은 걸로 알고 있습니다. 두 가지 분야가 만들어 내는 낯선 시너지가 어떤 형태로 독자분들에게 닿게 될지 내심 기대하는 마음입니다.

독자분들 중 진로를 고민하는 청소년이 있다면, 의약품을 만드는 바이오테크 분야에 대해 상세히 엿보고 탐구할 기회가 되었으면 합니다. 어느 제약 회사 기업인에게 "바이오테크 성공에서 가장 중요한 요소는 무엇입니까"라는 질문을 한 적이 있습니다. 1초의 머뭇거림도 없이 "우수한 인재입니다"라는 답이 돌아왔습니다. 의약품이 만들어지고 환자를 만나기까지 거대 자본과 인프라 등 많은 요소가 필요하지만 무엇보다 중요한 것은 '우수한 인재'라는 겁니다. 훌륭한 인재만 있으면 나머지는 자연히 따라온다고 했습니다.

바이오테크 안에도 여러 분야가 있습니다. 어떤 분야에서는 꼼꼼하고 섬세한 사람이 힘을 발휘하고, 어떤 분야에서는 자유로운 창의성을 가진 사람이 두각을 드러냅니다. 지적인 활동을 즐기고 도전적인 마음을 품고 있다면 바이오테크의 문은 여러분 앞에 활짝 열려 있습니다. 많은 사람에게 긍정적인 영향을 줄 수 있다는 커다란 장점도 있습니다. 신약 하나로 한 사회를, 또 수많은 사람의 운명을 바꿀 수 있으니까요. 단 한 사람에게라도 며칠 혹은 몇십 년의 삶을 선물해 줄 수 있다면 그보다 더한 보상이 어디 있을까요?

이 책에 큰 도움을 준 제약 회사 대표님이 한 가지 경험을 들려주었습니다. 자사에서 개발한 항암제를 투여한 말기암 환자가 4개월 정도의 삶을 더 살게 되었다고 합니다. 환자는 그 시간 동안 병원을 떠나 원하는 곳에서 소중한 사람들과 함께 머물며 생의 마지막을 풍요롭게 채웠습니다. 대표님은 그 일로 그동안의 노력을 모두 돌려받은 느낌이었다고 했습니다.

이 책은 4개의 장으로 구성되어 있습니다. 1장부터 3장까지는 표적항암제와 실제 개발되어 성공적으로 검증 중인 면역함암제에 관한 이야기가 펼쳐집니다. 마지막 4장에는 항암제가 아닌 결핵 치료제에 대한 내용을 담았습니다. 국내 연구진이 이룬 주목할 만한 성과를 다루고 있어 책에 포함했습니다. 바이오테크의 진면목을 확인할 수 있을 겁니다.

이제 여러분은 항암제와 바이오테크의 세상으로 향하는 기차에 탑승했습니다. 여정의 준비물은 단 하나, 새로운 지식 세계에 대한 호기심뿐입니다. 그럼 지금 바로 출발하겠습니다.

CONTENTS

1 새로운 패러다임, 면역항암제

암세포

사멸하지 않고 무한 증식하는 돌연변이 세포.

종양억제유전자

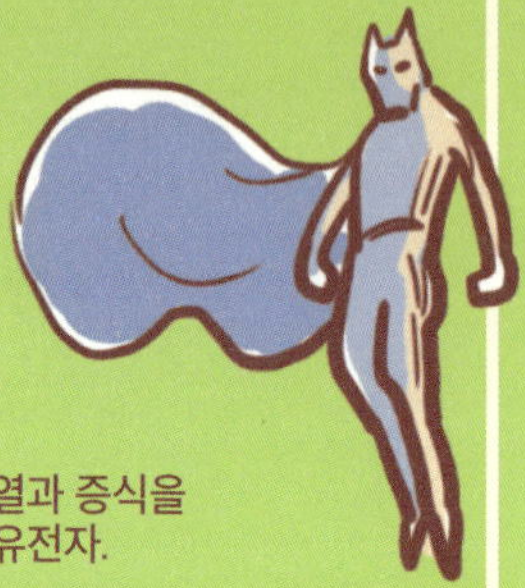

세포의 분열과 증식을 억제하는 유전자.

자연살해세포

특정 항원에 의존하지 않고 암세포 등을 공격하는 면역세포.

수지상세포

면역 반응을 위해 병원체의 항원을 제시, T세포를 불러들인다.

M1 대식세포

염증 반응 등 면역을 유발하여 암세포를 공격한다.

M2 대식세포

대식세포에서 분화했으며 복구를 담당한다. 암세포는 면역 반응을 회피하기 위해 이들을 이용한다.

아드릭세티닙, Q702

Q701

면역 반응을 억제하는
암세포의 전략을 파훼하기 위해
만들어 낸 첫 번째 물질.

아드릭세티닙(Q702)

Q701을 개선해
만들어 낸
면역관문 억제제,
즉 면역항암제.

세포독성T세포

항원에 반응하여 감염된 세포나
암세포 등을 제거하는 면역세포.

대식세포

암세포, 이물질 등을
집어삼키는(식작용) 면역세포.
M1, M2를 포함하며
신체 다양한 곳에서 활동한다.

장군과 부관

우리 몸의 면역 반응을
회피하는 암세포에 대항할 수 있는
방법을 알아내려 한다.

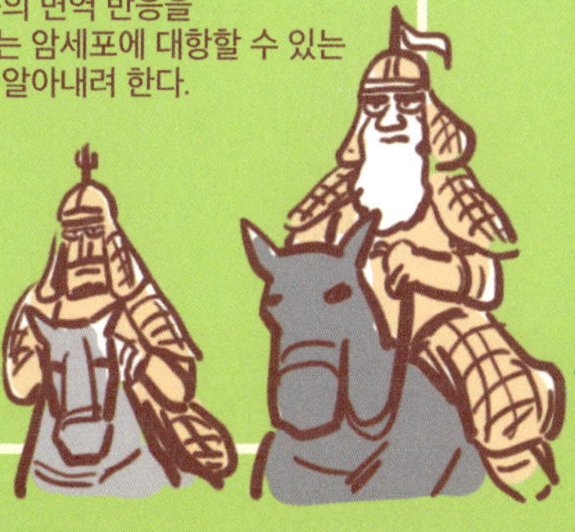

1

오늘날 우리가 가장 무서워하는 질병을 꼽으라면 대부분 '암'이라고 답할 겁니다. 높은 발병률에 더해 일단 발병하면 치명적이라는 사실을 모두가 잘 알고 있죠. 어쩌면 여러분은 가까운 사람이나 친인척이 암에 걸려 운명을 달리하는 것을 이미 경험했을지 모릅니다.

의료 기술의 발전으로 현대인의 수명은 비약적으로 늘어났습니다. 하지만 20만 년의 호모 사피엔스 역사에서 단 100년 전으로만 거슬러 올라가도 의학은 지금에 비해 무척 보잘것없는 수준이었습니다. 누군가는 엉덩이 종기로 사망에 이르렀고, 누군가는 전립선이 부어 사망하기도 했습니다. 또 누군가는 아이를 낳다가 감염으로 사망했습니다. 온갖 전염병은 말할 것도 없지요. 과거 인류를 죽음에 이르게 한 대부분의 질병은 오늘날 단 며칠 약을 먹는 것만으로 씻은 듯이 나을 수 있습니다. 그런데 왜 우리는 암 앞에서만은 아직도 공포에 떨 수밖에 없는 걸까요? 몇십 년 전 제가 어렸을 때 사람들은 암이 곧 정복될 거라고 말했습니다. 그런데 지난한 싸움이 수십 년간 계속되고 있습니다. 대체 암이 무엇이길래 이토록 오래 인류를 괴롭히는 걸까요?

아이러니한 사실이지만 암은 수명 연장과 관련이 있습니다. 암에 걸리는 가장 쉬운 방법은 그저 나이를 먹는 것이라고 말할 수 있을 정도죠. 오래 살면 암에 걸릴 확률은 자연히 높아집니다. 암이라는 병이 유전체 오류가 쌓이면서 생겨나기 때문입니다. 사람은 살아 있는 시간 동안 무수히 많은 유전체 복제를 반복합니다. 대부분의 오류가 바로 이 복제 과정에서 생겨납니다. 오래 산다는 것은 유전체 복제를 더 많이 한다는 뜻이고 그러니 발병률이 높아지는 게 당연한 일이죠.

물론 과학기술의 발전과 함께 항암 치료도 진화했습니다. 그 결과 암 생존율도 과거보다 훨씬 늘어났습니다. 항암 전략의 발전에는 몇 가지 단계가 있었습니다. 암이 발견되면 초기에는 대부분 암 조직을 제거하는 외과적 방법을 사용합니다. 그러고 나서 필요에 따라 방사선 요법을 쓰거나 화학항암제를 투여하죠. 항암 혁신의 첫 페이지를 쓴 것이 바로 이 화학항암제입니다. 암세포의 가장 큰 특징은 성장과 분열을 멈추지 않는다는 겁니다. 따라서 이를 타깃으로 하는, 즉 세포분열을 멈추게 하는 화학항암제가 여럿 개발됐습니다. 그런데 화학항암제는 암세포뿐만 아니라 정상세포까지 공격 대상으로 삼는다는 문제를 갖고 있었습니다. 내장 표면의 세포, 모근에 존재하는 세포, 면역세포처럼 꾸준히 성장·분열하는 다른 세포들도 화학항암제의 먹이가 되는 것이죠. 화학항암제 요법을 적용한 환자들이 고통받을 수밖에 없는 이유입니다.

항암 전략은 자연히 세밀한 타격으로 변경되었습니다. 암세포만 콕 집어 공격할 수 있는 방법이 필요했던 겁니다. 마법의 탄환이라 불리는 표적항암제는 이런 배경에서 등장했습니다. 과학자들은 암세포 특유의 분자생물학적 특성을 조사해 몇몇 성공적인 표적을 밝혀냈습니다. 정상세포에 피해를 주지 않으면서 암세포만을 공격하는 데 성공한 것이죠. 문제는 표적항암제가 일부 암에만 효과가 있었다는 겁니다. 표적으로 삼을 수 있는 특정 암에는 약효가 있었으나 다른 암에는 영 쓸모가 없었죠. 게다가 특정 단계에서는 효과적이었지만 시간이 지나면서 약효가 급격히 떨어지는 경우가 많았습니다. 바로 암세포에 거듭 발생하는 돌연변이 때문이었습니다.

여러 가지 암에 통용될 수 있고 지속 시간도 긴 항암제가 필요해졌습니다. 그리고 마침내 면역항암제라는 새로운 패러다임이 등장했습니다. 이론적으로 면역항암제는 표적항암제가 지닌 한계를 극복할 수 있습니다. 화학항암제의 지독한 부작용, 표적항암제의 내성 문제에 면역항암제가 해결사가 될 수 있기 때문입니다.

면역항암제는 기본적으로 신체의 면역체계를 깨우는 방식으로 작동합니다. 이미 우리 몸에 존재하고 있는 암을 격퇴하는 훌륭한 군사, 즉 면역에 힘을 실어주는 것이죠. 그렇다면 면역이 암세포에 무력했던 이유는 무엇일까요? 암이 면역을 회피하는 기만술을 쓰기 때문입니다. 면역항암제는 우리 몸의 면역이 이러한 암세포의 기만술을 이겨내고 자신의 소임을 다할 수 있도록 유도합니다. 이번 장에서는 항암제의 새로운 패러다임을 열었던 면역항암제의 한 가지 예를 확인해 보려 합니다. 우리의 면역항암제는 어떻게 암과 싸울 수 있을까요?

***돌턴**dalton, Da 원자나 분자의 질량을 표현할 때 사용하는 단위. 1돌턴은 탄소 동위체 ^{12}C 1원자 질량 12분의 1에 해당한다.

암이라는 적…

적을 알고 나를 알면
백전불태라는 말이 있지만
암에 대해서는
반 정도만 맞는 말 같습니다.

적을 아는데 왜 쉽사리 정복하지 못하냐 말이다!
정말 지독합니다. 장군!

암은 인간이 겪을 수 있는 가장 큰 배신입니다.
헉~
배신
나 자신으로부터의 배신이기 때문!

암을 간단히 말하면…
몸 안의 내 세포가 자기 맘대로 증식해서 나를 굴복시키는 질병입니다.

암세포 자체는 사실 어떤 사악한 의도도 없습니다.

여느 정상세포처럼 원래 말 잘 듣고 성실한 세포였는데
시간이 흐르면서 잔고장이 쌓이더니
급기야 통제를 벗어난 녀석이지요.

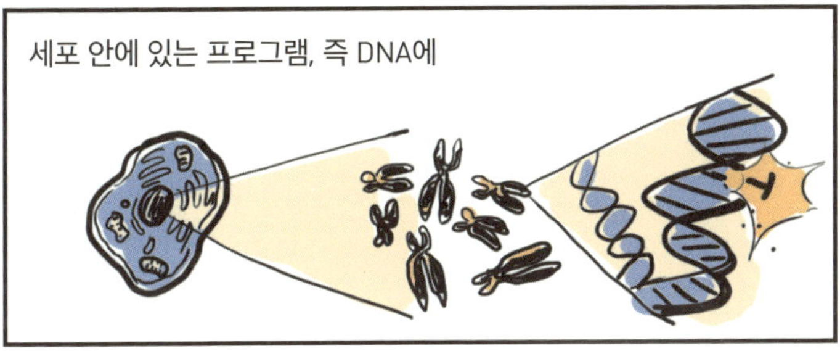

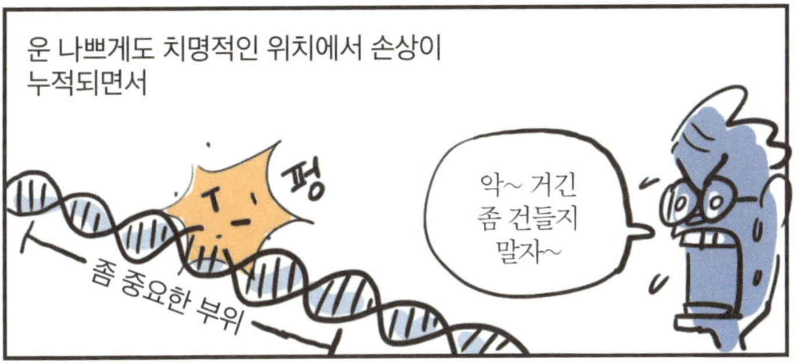

세포에 잘못된 지령을
내리게 됩니다.

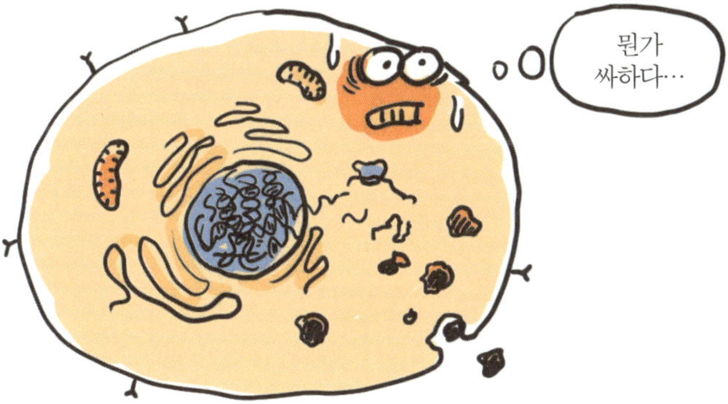

틀린 단백질을 만들거나
단백질을 지나치게 많이 만들거나 하는 현상이
일어나는 것이죠. 이렇게 세포 안의 시스템은
점차 망가져 갑니다. 암세포의 탄생은 이렇게 시작됩니다.

그러나 우리 몸은 암에 대한 충분한 대비책을 가지고 있습니다.

몸 전체로 보면 매일 수조 개의 사소한 DNA 돌연변이가
발생하고 있지만
돌연변이 대부분은 세포에 아무런 영향을 끼치지 않지요.

그마저 세포의 교정, 수선
메커니즘으로
오류의 대부분이
바로잡힙니다.

문제는 우리가 너무 오래 살면서
유전체 복제를 너무나 많이
반복한다는 것입니다.

대부분의 DNA 손상은
세포가 분열하는 동안
DNA를 복제할 때 생겨납니다.

복제 오류는 어찌할 도리가 없습니다.
엔트로피는 증가한다는 열역학 제2법칙이 틀리지 않는 한…

DNA 손상은 땡볕에 오래 나다니거나 담배를 피우거나 술을 많이 마시거나 탄 고기를 먹거나 석면 가루를 들이마시는 등… 후천적인 일들로 생겨날 수도 있습니다. 의지의 문제죠.

이것들을 가까이하면 암에 걸릴 확률이 높아질 수 있죠.

그래도 뭐니 뭐니 해도 암에 걸리는 가장 쉬운 방법은 그냥… 나이를 먹는 것입니다.

암으로 사망하는 사람들의 90퍼센트는 50세 이상!

오래 살수록 유전체의 손상도 늘어날 수밖에 없으니 당연한 이치입니다.

암세포의 일대기를 아는 것은 항암제를 만드는 전략과 밀접하게 관련됩니다.

사실, 암에 이르는 길에는 여러 장벽이 겹겹이 존재합니다.

돌연변이는 유전체 어디에서나 무작위로 일어날 수 있지만 그 많은 위치 중 **원발암유전자***에 돌연변이가 발생해야 합니다.

돌연변이가 발생해서 이상이 생긴 원발암유전자는 **발암유전자***가 됩니다.

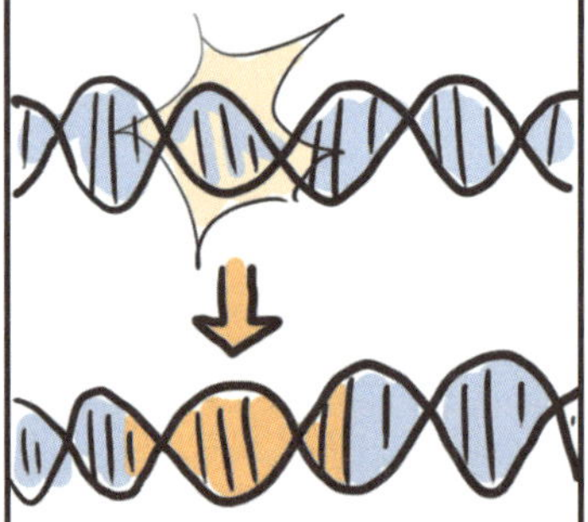

원발암유전자는 증식과 성장을 관할하는 유전자로서 사람이 배아 상태일 때 중요한 역할을 수행합니다.

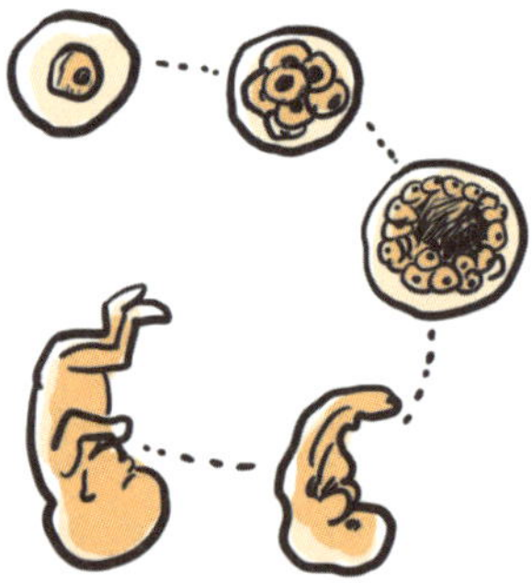

제때 세포가 분열하고 생장하게 지시하는 역할을 하니까요.

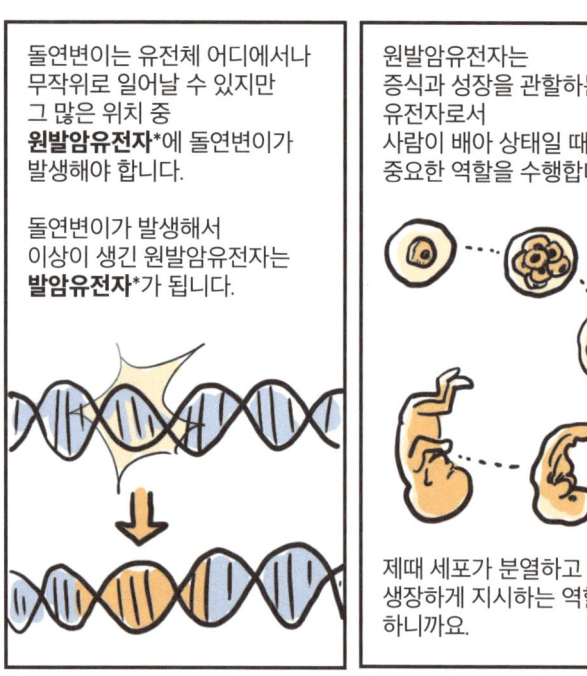

***원발암유전자**proto-oncogene, **발암유전자**oncogene 원발암유전자는 세포분열과 성장에 연관된 유전자로, 관련한 단백질을 암호화하며 암호화된 단백질을 통해 신호전달에 관여한다. 원발암유전자에 돌연변이가 누적되면 발암유전자로 전환된다.

태아가 30조 개의 세포로 이루어진 성체로 자라나면
원발암유전자의 역할은 거의 사라지고
조용히 은퇴 생활을 합니다.

그러나 불운하게도 돌연변이가 쌓여 발암유전자가 되다 보면
세포는 안 해도 될 일을 별안간 시작합니다.

유년기의 암세포는 지금 막
허들 하나를 넘었습니다.
마구마구 분열하려고
기지개를 켭니다.

하지만 암세포는 바로
위기에 직면합니다.

종양억제유전자*라는 존재
때문입니다.

***종양억제유전자**tumor suppressor gene 세포의 분열과 증식을 억제하거나 DNA가 손상됐을 때 이를 복구하는 등 세포가 무제한적으로 증식하는 것을 방지하는 유전자다.

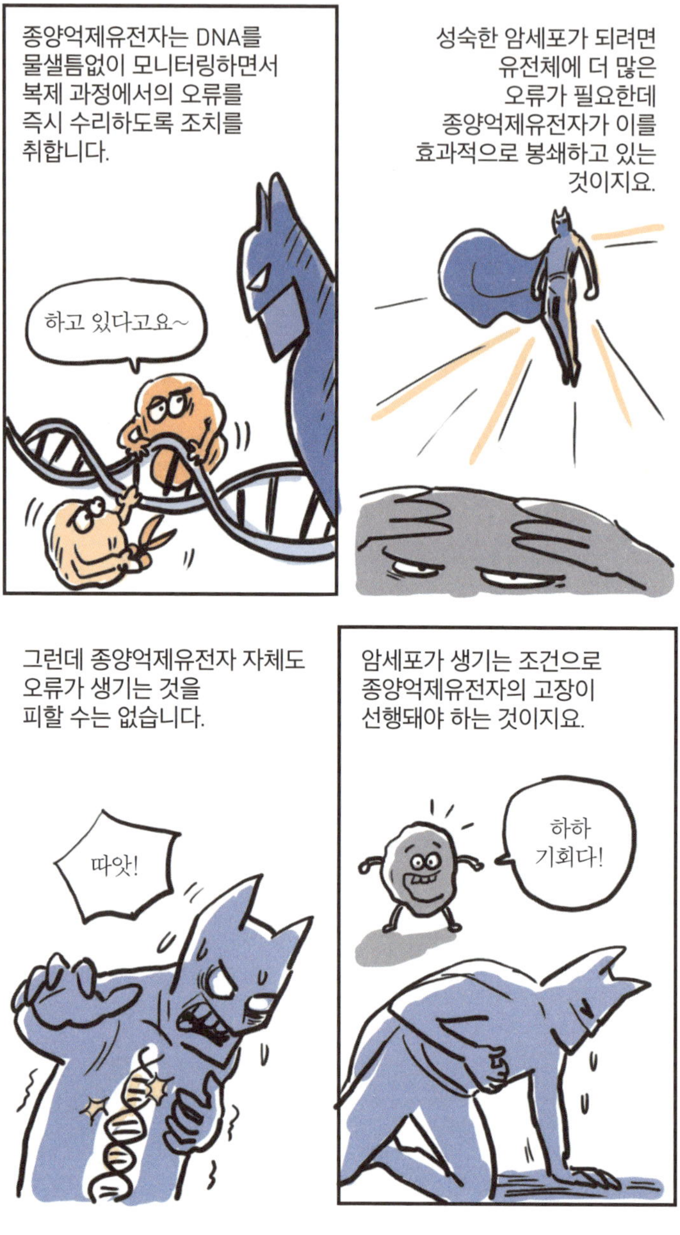
종양억제유전자는 DNA를 물샐틈없이 모니터링하면서 복제 과정에서의 오류를 즉시 수리하도록 조치를 취합니다.
하고 있다고요~
성숙한 암세포가 되려면 유전체에 더 많은 오류가 필요한데 종양억제유전자가 이를 효과적으로 봉쇄하고 있는 것이지요.
그런데 종양억제유전자 자체도 오류가 생기는 것을 피할 수는 없습니다.
따앗!
암세포가 생기는 조건으로 종양억제유전자의 고장이 선행돼야 하는 것이지요.
하하 기회다!

하지만… 암유전자로 변하고
종양억제유전자가 충분히 망가졌다고 해서
바로 암세포가 되는 것이 아닙니다.

암세포가 되려면 **세포자멸사***를 유도하는
유전자에도 문제가 생겨야 하는 것입니다.

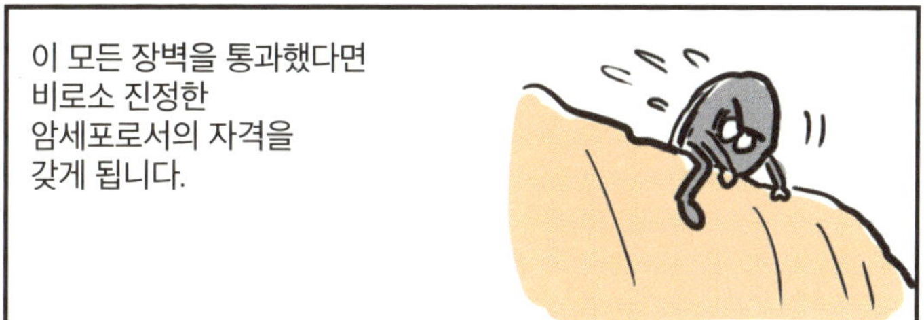

***세포자멸사**apoptosis, programmed cell death 예정된 단계를 통해 세포가 스스로 죽는 현상을 뜻한다. 발생 과정에서는 몸의 형태를 만드는 역할을 하며, 성체에서는 이상이 생긴 세포를 제거하는 일을 담당한다.

이 녀석은 유전체를 교정하지도 않고,
더 망가지는 것을 선호하며,
알아서 자폭하는 일도 없는…
고삐 풀린 망아지가 된 것입니다.
프리덤~
비틀
암세포에 감정을 이입한다면
녀석은 혁명가일지 모릅니다.
빨간 알약을 먹고
매트릭스의 억압에서 빠져나온
네오처럼…
날 가둘 수 없다고!
두리번
그런데… 이 불길한 기운은 뭐지?

암세포는 마구마구 복제하고, 생장에 필요한 에너지를
끝없이 요구합니다.

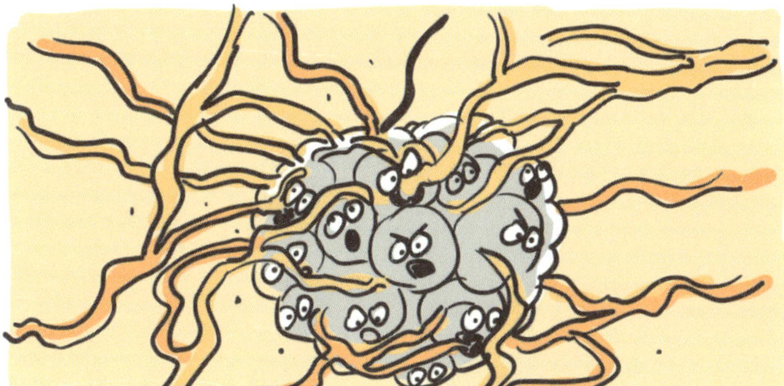

자신으로 이어지는 혈관을 만들도록 강요!

주변 세포에 해를 끼쳐서
염증이 일어나는데
이는 면역계를 깨우는
신호가 됩니다.

출동~
자연살해세포*
대식세포**

과거에 면역계는 '자기'와 '타자'를 구분하여
타자를 공격하는 임무를 수행한다는 인식이 있었습니다.
적이다~
때려잡아라!

***자연살해세포**Natural Killer cell, NK cell 바이러스에 감염된 세포나 악성 종양의 암세포를 제거하는 림프구의 한 종류. ****대식세포**macrophage 침입한 외부 병원체와 죽은 세포 또는 파편 등을 식세포 작용을 통해 제거하는 세포. T세포(미접촉 T세포, 세포독성T세포, 자연살해세포 등을 아울러 이르는 말)에 항원을 전달하거나 사이토카인을 분비하는 등 여러 가지 역할을 한다.

하지만 연구가 거듭되면서 면역의 임무는
항상성*을 유지하는 것으로 확장돼야 함을 깨닫게 되죠.

외부의 적뿐만
아니라
내부의 소요 사태도
막아야 함.
수상한 놈
없어?

암세포는 식별하기 까다로운 존재지만
면역계는 미세한 차이를
식별해 냅니다.

난 알아본다.
짜샤~

암세포 세포막에 "나는 암이오"라는
분자 표식을 놓치지 않는 것이죠.

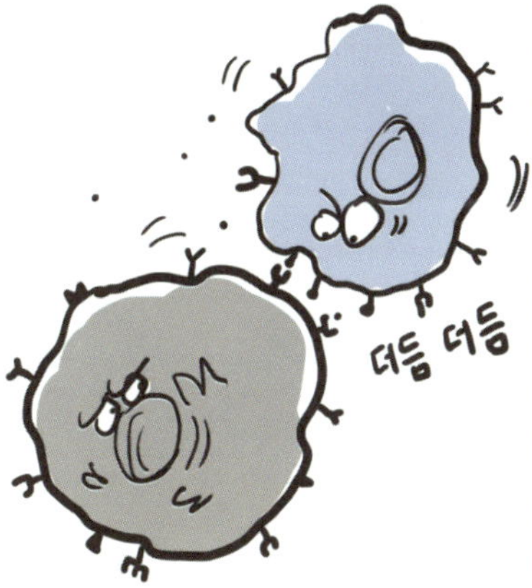
더듬 더듬

***항상성**homeostasis 생물이 자신의 변화를 최소화하고 안정된 상태를 유지하려는 경향.

***사이토카인**cytokine 면역 조절과 관련하여 세포 간 신호전달에 관여하는 단백질. ****수지상세포**dendritic cell 면역계에서 항원제시세포의 역할을 한다. 즉 항원 물질을 처리하고 이를 세포 표면에 드러내어 T세포에게 제시한다. *****림프절**lymph node 림프계를 구성하는 기관이며, 온몸에 분포해 있다. 체내에 침입한 항원이나 암세포 등을 제거하고 림프구의 증식과 분화를 자극하는 등 여러 가지 기능을 수행한다. ******도움T세포**helper T cell 면역계에서 여러 가지 중요한 역할을 하는 T세포의 한 종류. 사이토카인 분비를 통한 다른 면역세포의 기능 조절, 세포독성T세포 및 대식세포의 작용 활성화, B세포의 항체 종류 전환 등의 일을 한다. *******세포독성T세포**cytotoxic T cell T림프구의 한 종류. 바이러스에 감염된 세포, 암세포, 손상된 세포 등을 제거한다.

이것을 **후천면역*** 또는
적응면역이라고 합니다.
원래 있던 생체 고분자 물질과
그렇지 않은 물질을
구분하고 기억해서

특정 **병원체****, 병원체에 감염된
세포, 암세포로 변한 세포 등을
무력화하는 활동입니다.

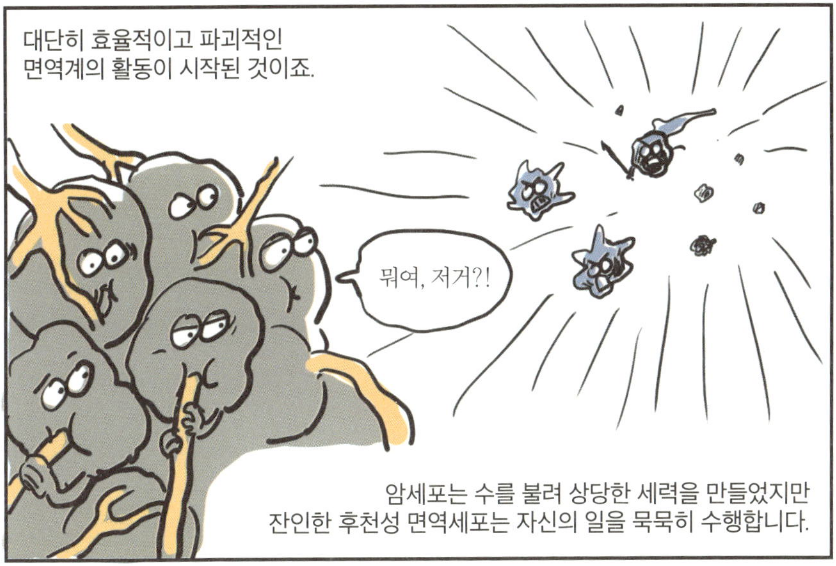
대단히 효율적이고 파괴적인
면역계의 활동이 시작된 것이죠.
뭐여, 저거?!
암세포는 수를 불려 상당한 세력을 만들었지만
잔인한 후천성 면역세포는 자신의 일을 묵묵히 수행합니다.

***후천면역**acquired immunity 이미 경험한 특정 병원체를 기억하고 이에 맞춰 빠르게 작용하는 면역 반응이다. 후천면역과 구분되는 선천면역innate immunity은 병원체 등의 이물질이 침입했을 때 일단 반응하는 보호 기전이다. ****병원체**pathogen 감염을 일으키는 미생물의 총칭.

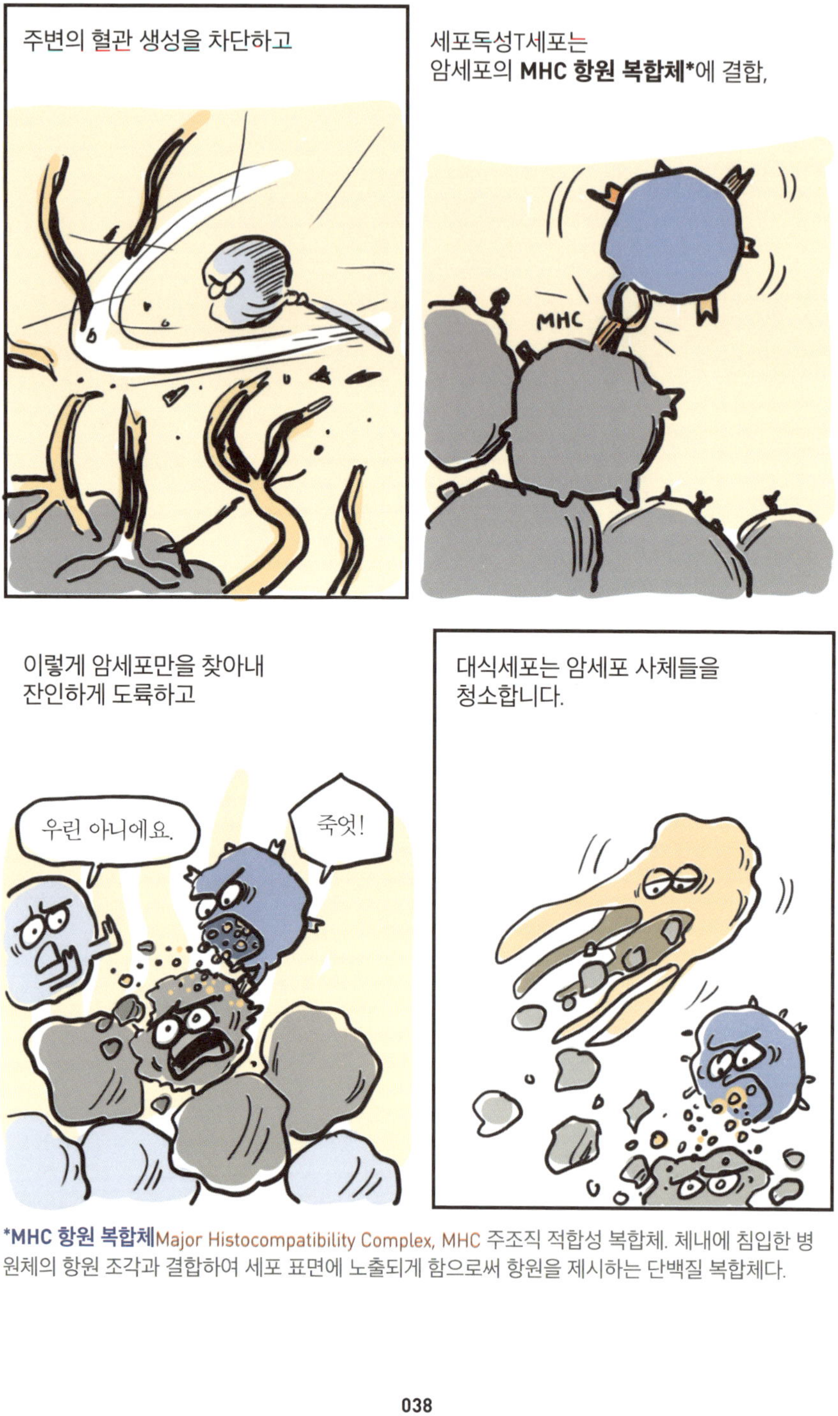

주변의 혈관 생성을 차단하고
세포독성T세포는
암세포의 MHC 항원 복합체*에 결합,
MHC
이렇게 암세포만을 찾아내
잔인하게 도륙하고
우린 아니에요.
죽엇!
대식세포는 암세포 사체들을
청소합니다.

***MHC 항원 복합체**Major Histocompatibility Complex, MHC 주조직 적합성 복합체. 체내에 침입한 병원체의 항원 조각과 결합하여 세포 표면에 노출되게 함으로써 항원을 제시하는 단백질 복합체다.

큰 세력이었던 암세포 덩어리들은 서서히 소멸합니다.

이런 장엄한 일이 여러분의 몸에서 지금도 일어나고 있습니다.

이 정도면 사람이 암으로 사망하는 것이 거의 불가능에 가까워 보입니다.

하지만 현실은… 70세가 넘은 셋 중 하나는 암 진단을 받고, 이 중 40퍼센트는 사망에 이릅니다.
어떻게 된 것일까요?
믿기 어렵겠지만, 겹겹이 가로막고 있는 장벽을 뚫고 살아남은 암세포가 존재할 수 있습니다.
너 그거 아냐?
살아남은 놈이 강한 놈이다.
단 하나가 생존했더라도 녀석은 오히려 생존하는 능력을 검증했다는 사실 때문에… 빠르게 증식하며 세를 늘려나갑니다.

이쯤 되면 우리 몸도
내부의 적에
크게 당황하는 상황.
왓?!
면역계는 암을 파괴하기 위해
사력을 다하지만
죽엇!
이는 오히려 생존에 적합한,
그야말로 슈퍼 빌런 암을 선택해서
키우는 꼴이 됩니다.
씽긋
안 좋아~
상황이 꼬이고
있어.

암세포의 전략은 놀랄 노자인데…
면역세포의 아킬레스건을 건드리기도 합니다.

여러분은 면역세포가 신체, 즉 그들의 세계를 위해 최선을 다하는…
선한 존재라는 인식을 가지고 있을 겁니다.

뭐… 이렇게.
주인은 우리의 노력을 알아주실 거야.
충성!
그러나 면역세포뿐만 아니라 몸 안의 분자까지… 이들은 아무 생각 없이 자신의 일만 기계적으로 수행할 뿐입니다.
기계 부속품처럼.
철컥
철컥
만화다 보니까 이렇게 표현하는 거예요!
그리고… 조금 전에 T세포의 억제수용체라는 용어가 나왔는데요, 억제수용체는 왜 존재할까요?

우리 몸의 항상성은 모든 세포,
분자들이 서로 피드백을 주면서 견제하고 때로는 의존하는
복잡한 상호작용으로 유지됩니다.
Feed back
잘해라 좀~
너나 똑바로 해.
어떤 것도 주인이 아니며,
하수인도 아니죠.

면역세포는 일을 열심히 하라는 신호를 받지만
여기서 그만 일을 멈추라는 신호도 받습니다.
활성화!
억제!
이런 섬세한 균형이 깨진다면 파국으로 가는 것이지요.

암세포는 생물의 이러한 본연의 특징, 항상성을 유지하는 메커니즘,
이 틈을 파고듭니다.

암세포는 자신의 영역을 공고히 구축하고 성공의 깃발을 올립니다.

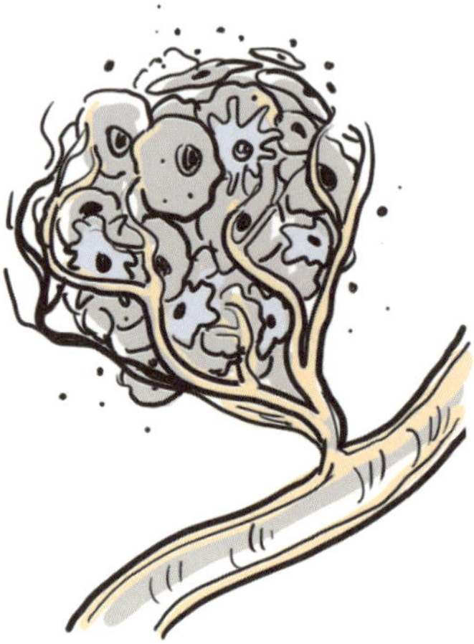

이것을 **종양미세환경***이라고 합니다.

암의 영역은 광활해지고
급기야 몸이라는 제국에서 활개를 치고 돌아다닙니다.

***종양미세환경**Tumor Microenvironment, TME 종양 내의 면역세포, 혈관, 신호분자, 세포기질 등과 그 밖에 암세포가 진화하는 환경적 총체를 일컫는다.

전이가 일어나는 것이죠. 결국 제국은 멸망의 수순으로 갑니다.

현대 과학은 암을 치료하기 위해 모든 방법을 동원합니다.

암조직을 잘라 내는 외과 수술 외에, 다양한 전략으로 무장한 항암제를 투여합니다.

항암제 중에는 빠르게 증식하는 세포를 찾아내 공격하는
화학항암제가 있죠. 직접적인 효과로 인해 많이 사용되고 있습니다.

하지만 화학항암제의 문제는 빠르게 증식하는 세포가
비단 암세포뿐만이 아니라는 사실에 있습니다.

막조직의 세포나 모발 조혈모세포 등 많은 정상세포가
화학항암제의 피해를 받을 수밖에 없습니다.

광
도시 안의 적을 소탕하기 위해 폭탄을 떨어뜨리는 격… 민간인 피해 속출…

이에 **표적항암제**라는
다른 종류의
항암제가 있으니…

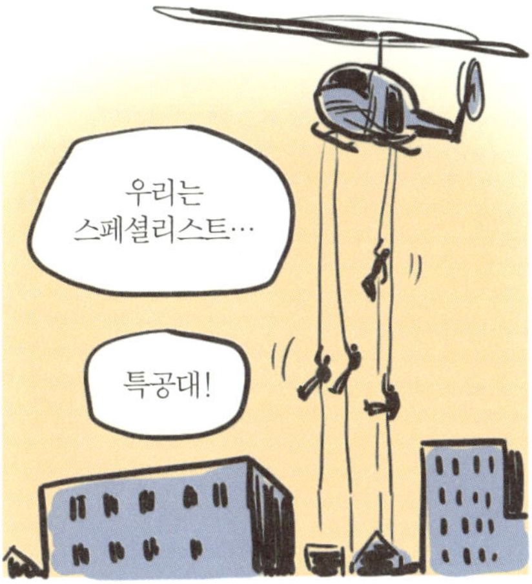

암세포만이 가진 특정 마커를
타깃으로 하기 때문에
정상세포의 피해를 최소화!

이 항암제 역시 단점이 있습니다.
적용 가능한 암의 종류가 적고…

골치 아픈 게 암세포는 증식하면서
다양한 변이가 계속 생겨나서
표적항암제가 더 이상 말을 듣지 않는,
즉 내성을 갖게 된다는 것.

또 다른 항암제가 있습니다. 이른바…
바로 이걸 얘기하려고 지금까지 설명했어요.
틱
면역항암제 입니다.
면역항암제를 간단히 말하면… 암이 면역계를 회피하는 방법들을 역이용해서
면역항암제
면역 활동을 재가동시키고

아드릭세티닙이 바로 면역항암제의 일종이죠.

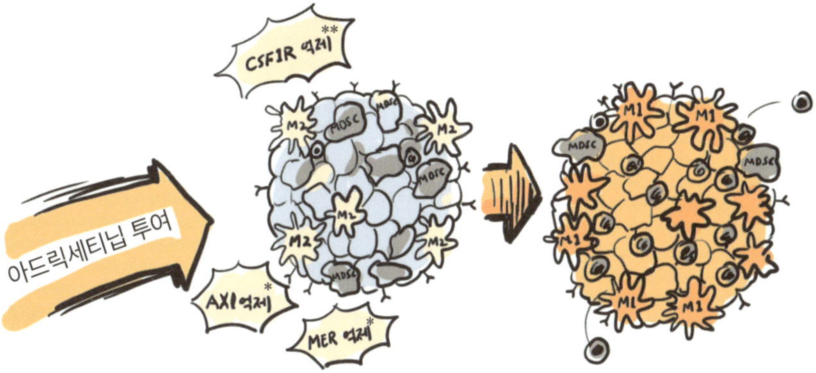

***AXL/MER** TAM family(TYRO3, AXL, MER)로 분류되는 수용체. 종양미세환경에서 면역 억제를 유도한다. ****CSF1R**Colony Stimulating Factor 1 Receptor, CSF1R 유전자에 의해 발현하는 세포 표면 단백질. 특히 골수성세포에서 많이 발현된다.

예열은 이만하면 됐고 본격적인 여행을 시작해 볼까요?

아드릭세티닙이 종양미세환경에 어떤 자극을 주고, 그 효과가
분자 레벨과 세포 레벨에서 어떻게 이어지는지 살펴보겠습니다.

장군
고맙습니다만…
소용 없소.
제국은 무너지고 있고
돌이킬 수 없소.
그날이
오늘은 아닙니다.
안 해본 게 없어요.
온갖 항암제까지…
돌아가세요.

이건 어떻습니까?!
아드릭세티닙…
두둥!
흠…

암세포도 발생 초기에는 면역 작용에 반응을 잘하던 때가 있었습니다.
면역 작용에 반응을 잘한다는 말은 면역에 의해 사멸한다는 뜻이죠.

그러나 사멸을 피한 암세포는 그야말로 우리가 아는
고약한 암세포인 거죠.

면역에 이전처럼
쉽게 당하지 않고
전이가 용이한 특성을
나타내죠.

이것을 **중배엽성** 특성을 보인다고 말합니다.

중배엽성으로 되기 전에는 **외배엽성** 특성을 보인다고 하고,
이때만 해도 암이 원래 위치에 국한돼 있으며
면역 작용도 활발했죠.

그러면 왜 중배엽성 상태의 종양미세환경은
면역 활동이 억제되는 걸까요?

과학자들은 암세포에만 특이적인
유전체 변이를 집중적으로
탐구했고,
왜 빨리 못 찾냐
말이야!
젠장~

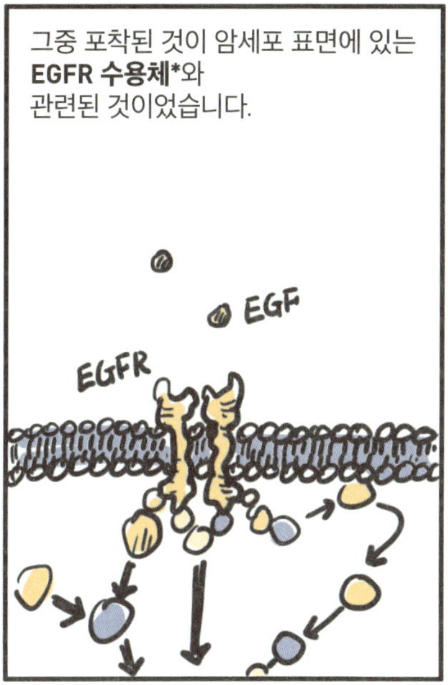

그중 포착된 것이 암세포 표면에 있는
EGFR 수용체*와
관련된 것이었습니다.
EGF
EGFR

세포는 외부의 EGF라는 **성장인자****가
세포 표면의 EGFR 수용체에 결합하면,

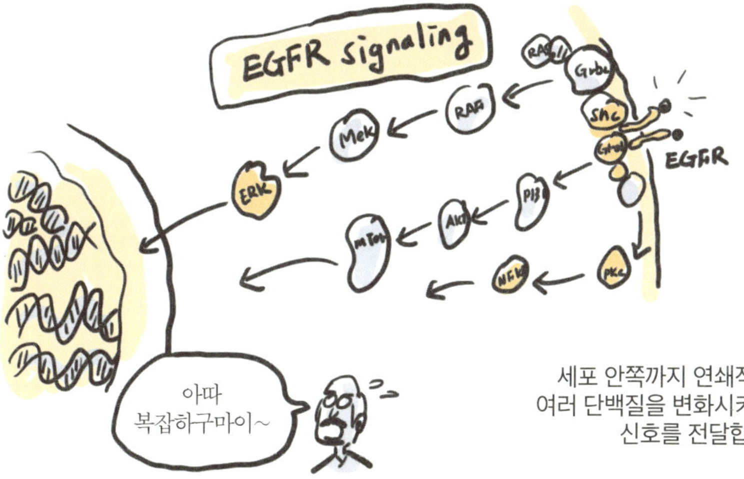

세포 안쪽까지 연쇄적으로
여러 단백질을 변화시키면서
신호를 전달합니다.

***EGFR 수용체, 상피 성장인자 수용체**Epidermal Growth Factor Receptor 상피 성장인자 및 전환 성장 인자 알파TGF-α를 포함한 특정 리간드의 결합에 의해 활성화되는 막관통 단백질이다. EGFR 발현이나 활성에 영향을 미치는 돌연변이로 인해 암이 발생할 수 있다. ****성장인자**Epidermal Growth Factor, EGF 세포 표면의 특정 수용체와 결합하는 신호전달 분자로 세포의 성장, 분화, 재생 등에 관여한다.

이런 신호 릴레이는 세포가 분열, 성장하는 결과로 이어집니다.

어떤 암세포에서는 EGFR이 정상세포보다 많이 발현한다는 것을
연구를 통해 알게 됐죠.

EGFR이 많으면 EGF와 더 많이 결합할 것이고,
이는 세포를 마구마구 성장시키는 신호가 됩니다.

아시다시피 이렇게 마구마구 증식하는 세포를 암세포라고 하죠.

이거다 싶었던 과학자들은…
이 정도면 '유레카' 맞지?!
그치?
EGFR의 신호전달을 저해하는 약물을 개발합니다.
엘로티닙, 제피티닙 같은…
결과는 꽤나 성공적!
앞서 말했지만, 이런 방식으로 특정 마커를 타깃으로 한 항암제를 표적항암제라고 하지요.
헤헤
EGFR 저해제 사례는 훌륭한 표본이 됐고, 비슷한 접근법으로 표적항암제가 개발됩니다.
물 들어왔거든~

그러나… 언급했듯이 표적항암제에는 한계가 존재합니다.

EGFR에 추가적인 변이가 발생하면서 더 이상 표적항암제가 작동하지 않거나
Sorry
어?
EGFR과 비슷한 기능을 하는 다른 유전자가 활성화되면서 원래 EGFR이 하던 고약한 임무를 대신 하기도 하는 등…
굿
이것을 암세포가 **내성**을 갖게 됐다고 말합니다.
이 같은 고약한 변이에 대처할 수 있는 표적항암제를 만들기 위해 과학자들은 최선을 다하죠.
빌어먹을… 네 놈이 변한다? 두고 보자!

변화무쌍한 암세포와 과학자들 사이의 끊임없는 전략 대결인 것이죠.
여러 연구 중에 AXL에 대한 것이 있습니다.
GAS6
AXL
생긴 게 다 거기서 거기 같아요.
...
AXL 수용체는 면역의 항상성 유지와 관련이 있는 녀석입니다.
면역의 항상성에 대해서는 아까도 말씀드렸어요.
중요한 것은 **균형**입니다.
면역의 힘이 암을 압도한다고 마냥 좋아할 일이 아닙니다.
착한 암은 죽은 암이다. 짜식들아.
안 돼!

힘이 과하면 면역이 우리 몸의 선량한 존재들을 공격할 수 있기 때문!

실제로 **자가면역질환***, 천식,
알레르기 등은
면역이 과하게 작동할 때
나타나는 질병입니다.

그래서 면역에 브레이크를 거는 과정
면역 체크포인트**가 존재합니다.

AXL은 이 같은 면역 체크포인트
역할을 하고 있습니다.

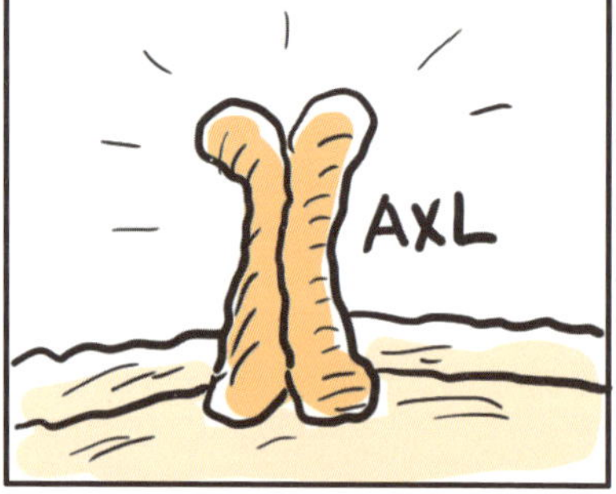

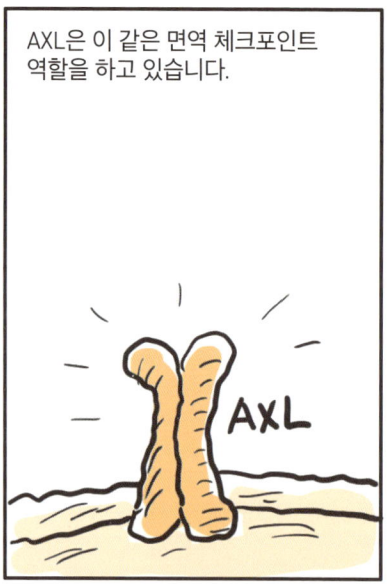

***자가면역질환**autoimmune disease 면역계가 자신의 정상세포, 조직 또는 기관을 공격하는 질환.
****면역 체크포인트**immune checkpoint 면역관문이라고도 하며, 면역계가 무차별적으로 세포를 공격하는 것을 방지한다. 놀랍게도 암은 면역관문을 이용하여 면역계의 공격으로부터 자신을 감추고 보호한다.

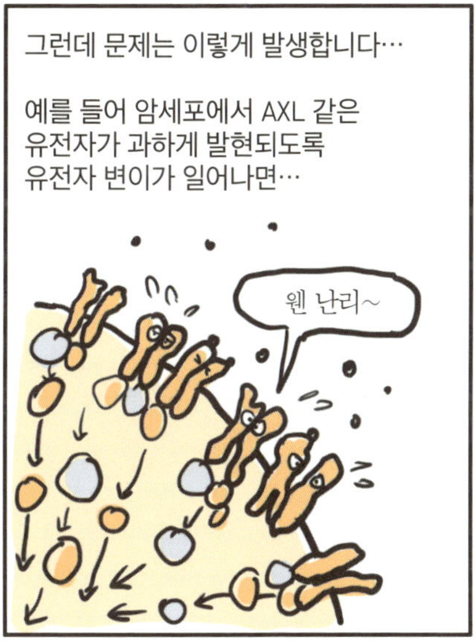

암세포를 위험 대상으로 보지 않게 됩니다.
암세포는 자신을 은폐하는 효과를 보는 거죠.

연구를 거듭하면서 AXL 과발현의 추가적인 결과를 발견합니다.

기억하시나요? 중배엽성일 때
암세포는 전이가 용이한 **침윤성***을 보인다는
사실.

***침윤성**infiltrative growth 증식하는 암세포가 덩어리 상태가 아닌 정상조직에 불규칙적으로 분포하는 상태로 전이가 일어날 수 있다.

반면 외배엽성일 때 암세포는 빠르게 성장하죠.

암세포의 특징이 두드러진
외배엽성에서는 그 특징으로 인해
면역 작용도 활발해지고

항암제가 암세포를 확실히
인식해서 공격합니다.

그런데 분명한 것은 AXL이 과하게 발현되는 것과
암조직이 중배엽성인 것이 긴밀하게 연결돼 있다는 겁니다.

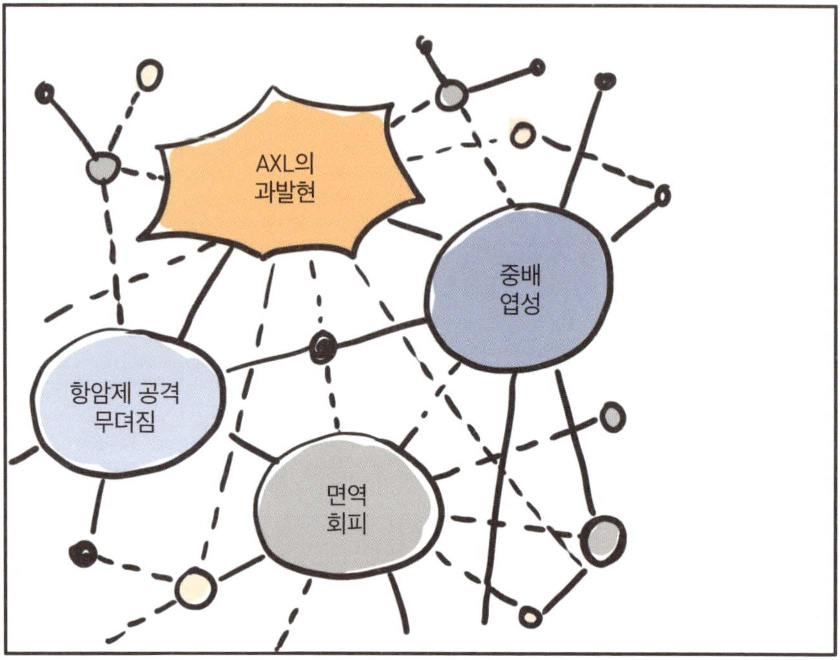
AXL의
과발현
중배
엽성
항암제 공격
무뎌짐
면역
회피

과학자들은 생각하게 됩니다.

AXL을 억제할 수 있다면
중배엽성을 탈피할 수 있다.
암의 전이를
막을 수 있다.
외배엽성으로
되돌릴 수 있다.
흠….

이거… 이거…
진전이다!
탁
AXL을 억제하는 방법을
강구해 보자고.
움직이지 않고
뭐 하나~ 어서~
아… 진짜…
항암제는 완성된 거나 다름없어.
이름을 뭘로 지을까?
하하하,
암을 정복한다!

과학자란…
부관! 저들을 폄하하지 말게.
송구하옵니다, 장군~
저들이 있기에 시작이라는 게 있는 거야.

물론… 앞날이
구만리인 건 맞네.
일단 AXL 이놈이
무엇인지…
히힝!
AXL과 암의 관계가 뭔지
더 파헤쳐 봐야겠어. 서두르게.
네, 장군~
두구 두구 두구

세포 표면의 AXL 수용체는 MER, **TYRO3*** 등과 면역의 항상성 유지를 위한 면역 체크포인트로 기능하고 있습니다.

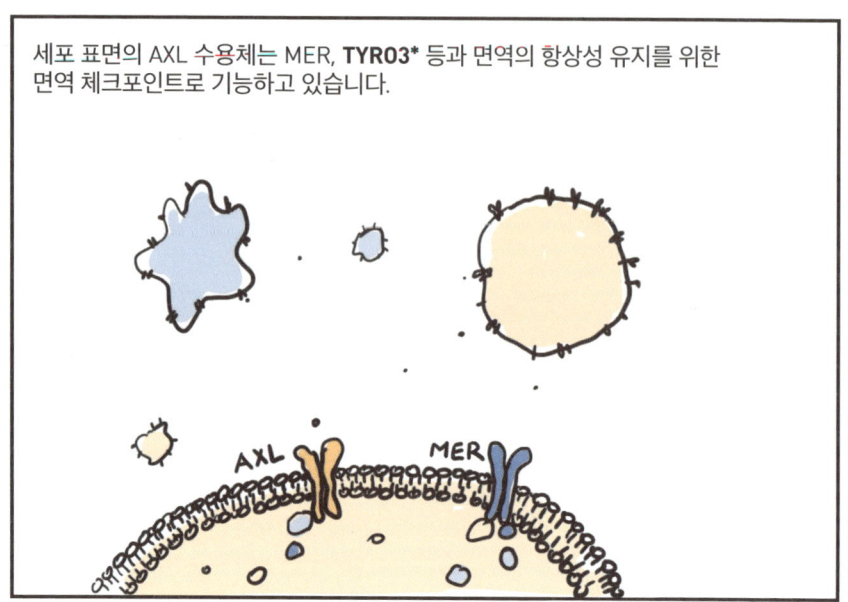

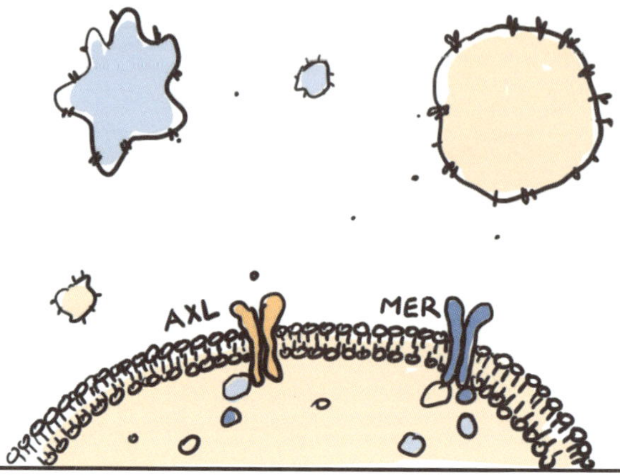

어떤 바이러스는 인간의 몸에 침투해서 몸의 면역 작용을 잘도 피한다는 것을 알고 있었죠.

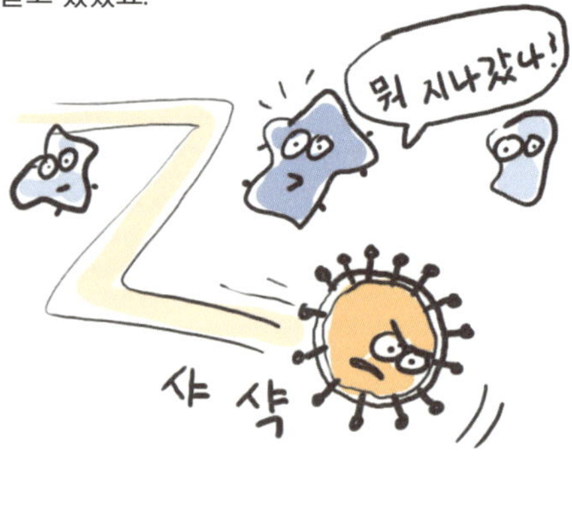

문제는… 어떻게 바이러스가 이러한 능력을 가졌는가?!

***TYRO3** TAM family(TYRO3, AXL, MER)로 분류되는 수용체. 종양미세환경에서 면역 억제를 유도한다.

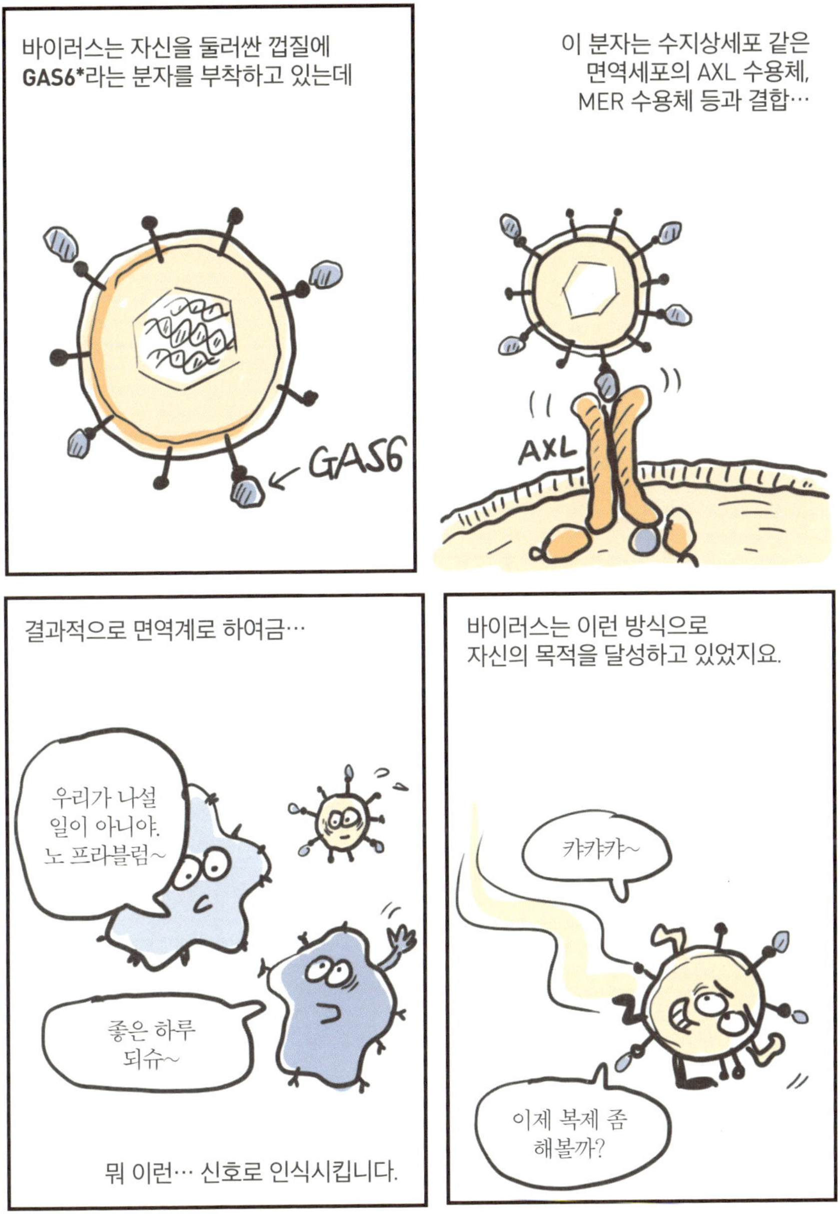

*GAS6Growth Arrest-Specific protein 6 AXL, MER 등과 같은 수용체에 결합하는 분자.

바이러스를 통해 과학자들은 AXL, MER의 역할에 대해서
배우게 됐지만 여기까지는 그저 흥미로운 발견 정도…

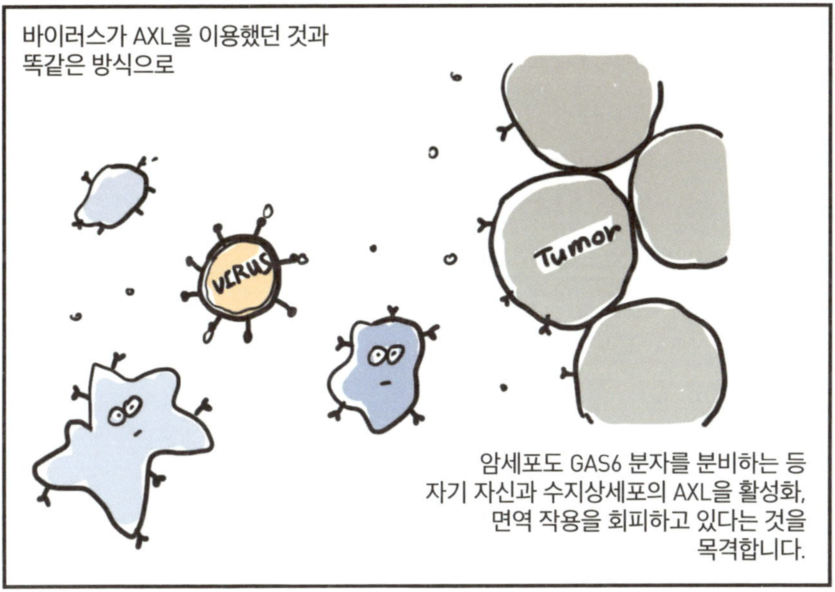
바이러스가 AXL을 이용했던 것과
똑같은 방식으로
VIRUS
Tumor
암세포도 GAS6 분자를 분비하는 등
자기 자신과 수지상세포의 AXL을 활성화,
면역 작용을 회피하고 있다는 것을
목격합니다.

봤다고요?
현미경으로요?
아니…
그게 아니고…
과학적 고찰을 통해…
알게 됐다는 뜻이에요.
비유였어요.

추가적인 발견이 이어지는데…

정상적인 세포라면 세포막 안쪽에
있어야 할 표식이

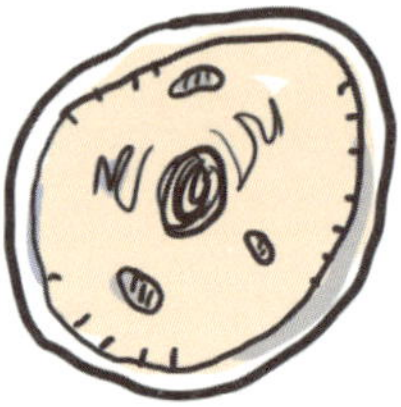

AXL이 과하게 발현되는
암세포에는
세포 표면에 노출되고

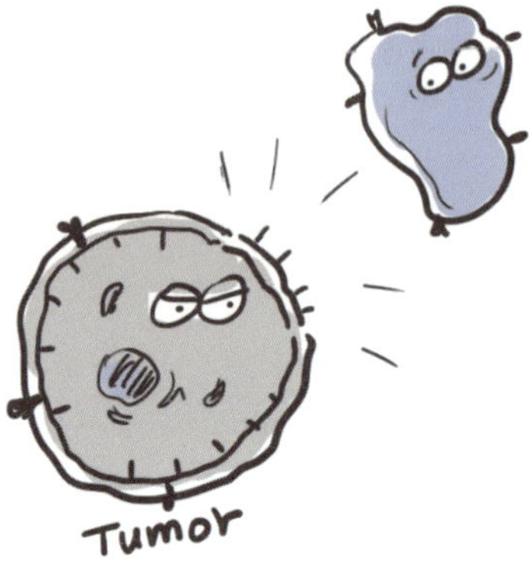

이것 역시
면역계로 하여금…

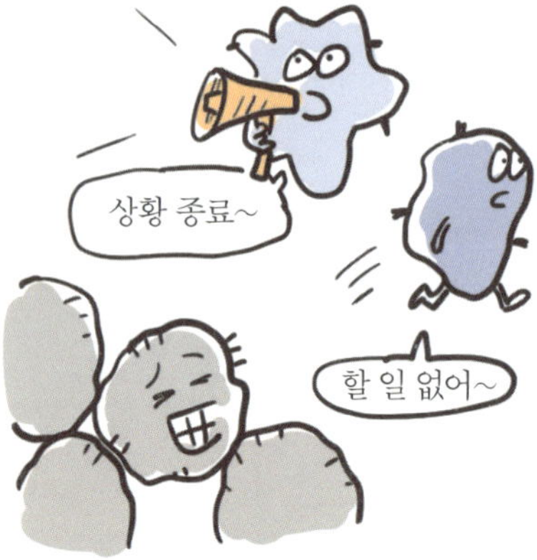

이런 신호로 작용합니다.

암세포는 정말이지…
면역 작용을 회피하는 기막힌 전술을
쓰고 있는 거죠.

인사해라, 아가야.
내가 가르친 거다.
VIRUS
Tumor
무슨 소리~
내가 원조야. 너가
베낀 거지, 짜샤.

어쨌든 암을 연구하는 과학자들은
일제히 환호!
자~ 이제 뭐다?
AXL
MER
가즈아~

처음에는 AXL을 보고
표적항암제의 가능성을 염두에 뒀던
과학자들…
요거?
마커가…

이제는 AXL이
면역항암제를 위한 열쇠가
될 수 있음을
확실히 인식합니다.

보다 전문적으로 표현하면

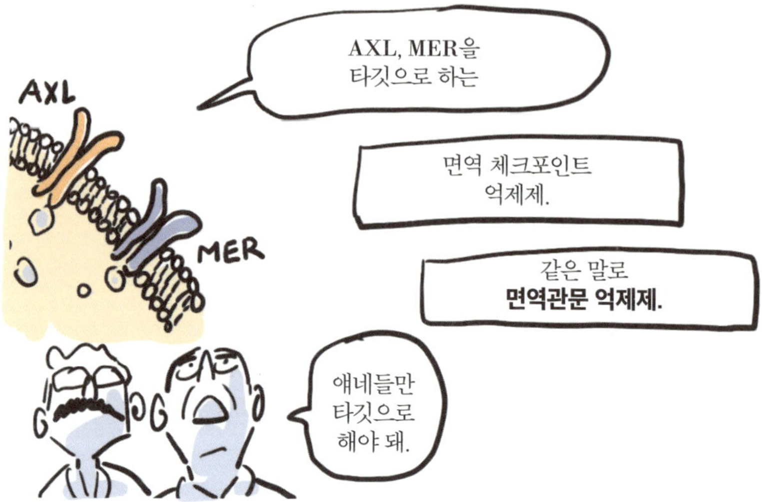

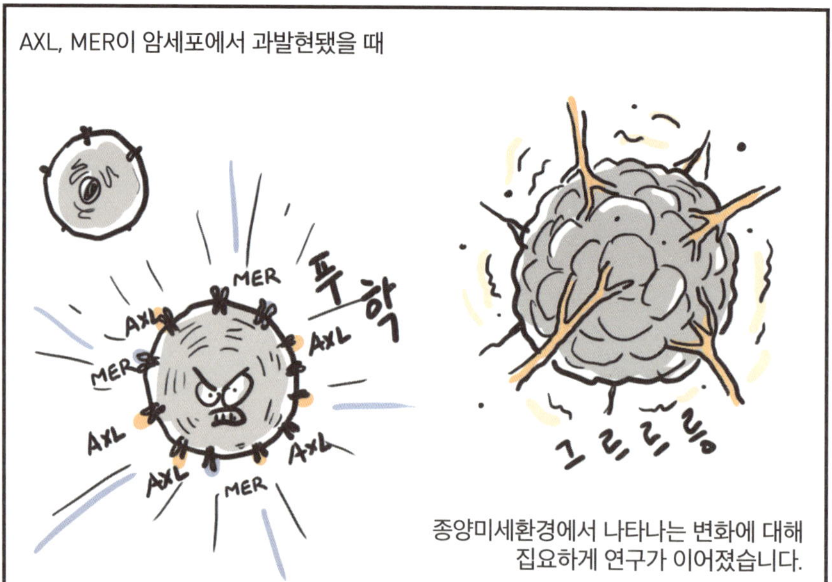

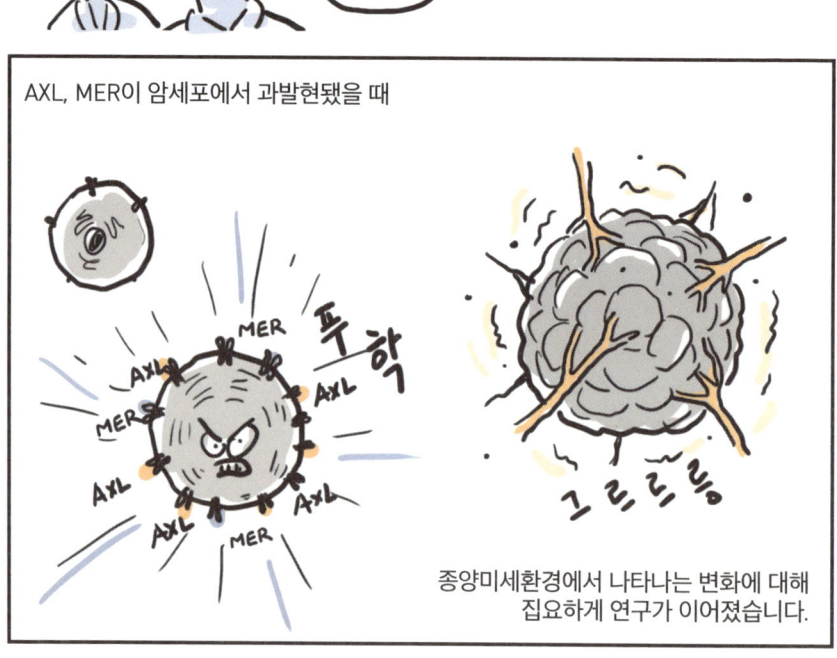

AXL이 과발현하면…

종양미세환경이 중배엽성으로 빠르게 변화합니다.
이걸 중배엽 전이EMT라고 하죠.

중배엽성

암조직이 중배엽성이 됐을 때
그 위험성에 대해서는 이미 언급했습니다.
암세포가 몸의 다른 곳으로 흩어질 수 있죠.

중배엽 전이의
또 다른 효과…
외배엽일 때는 그렇게나
면역계가 달라붙어서
암세포를 괴롭혔는데

중배엽이 되면 언제 그랬냐 싶게
면역계는 암조직에
관심을 꺼버립니다.

면역계의 이 같은 무관심은… 다름 아닌 중배엽성 자체의 효과라고 할 수 있습니다.

외배엽, 중배엽 같은 용어는 보통 생물의 **발생***에서 많이 언급됩니다.

사람은 수정란이라는 하나의 세포로 시작해서 분열을 거듭하고… 세포의 수를 불려나가는데

어느 단계에서는 분열하는 세포가 각기 모습과 기능을 달리해 나갑니다. 세포 분화가 일어난다고 하지요.

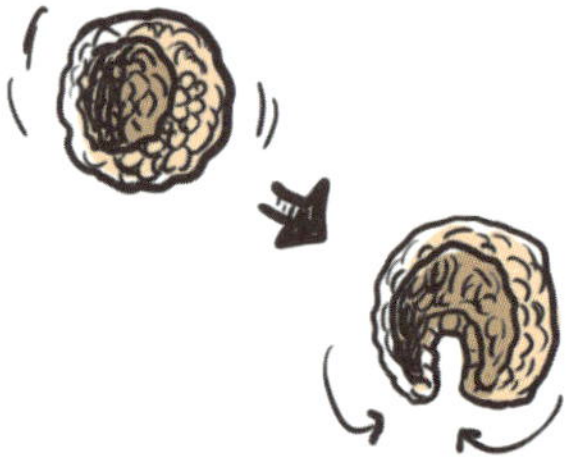

이렇게 분화하는 세포는 외배엽, 내배엽, 중배엽으로 세포 집단을 형성합니다.

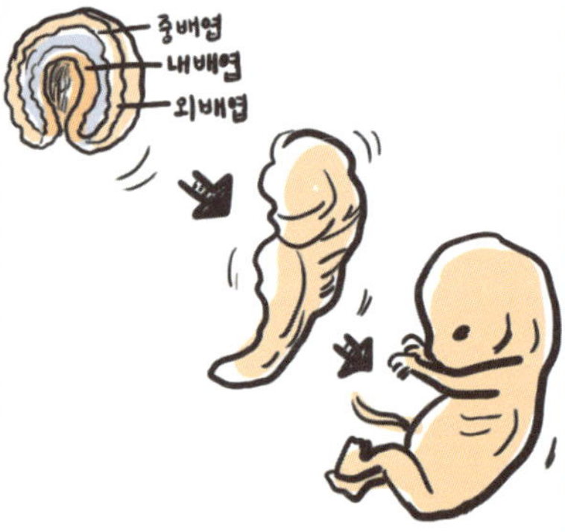

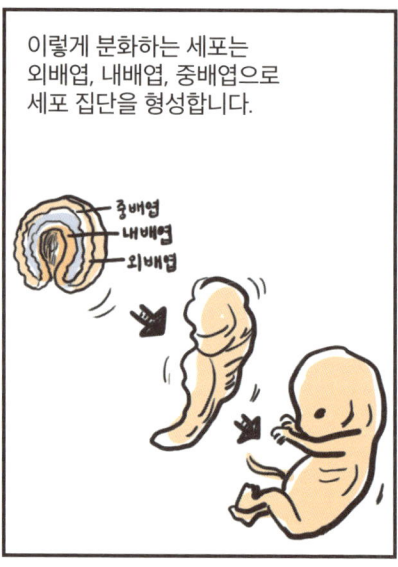

***발생**development 생물의 수정란이 분열, 분화 과정을 거쳐 성장해 가면서 크고 복잡한 '개체'로 변모하는 과정을 뜻한다.

심장조직은 중배엽으로 분류되는데…
심장세포는 외로운 독고다이형이라고 할 수 있습니다. 다른 일에 관심을 두지 않고 그저 묵묵히 자신의 일만 수행하는 존재죠.
심장세포는 INFP군요.
네?

심장세포는 분열도 하지 않고 태어나서 죽을 때까지 엄청난 내구력을 유지합니다.

이들은 워낙에 철통 같아서 외부의 세균이나 바이러스로부터 감염되지도 않습니다.

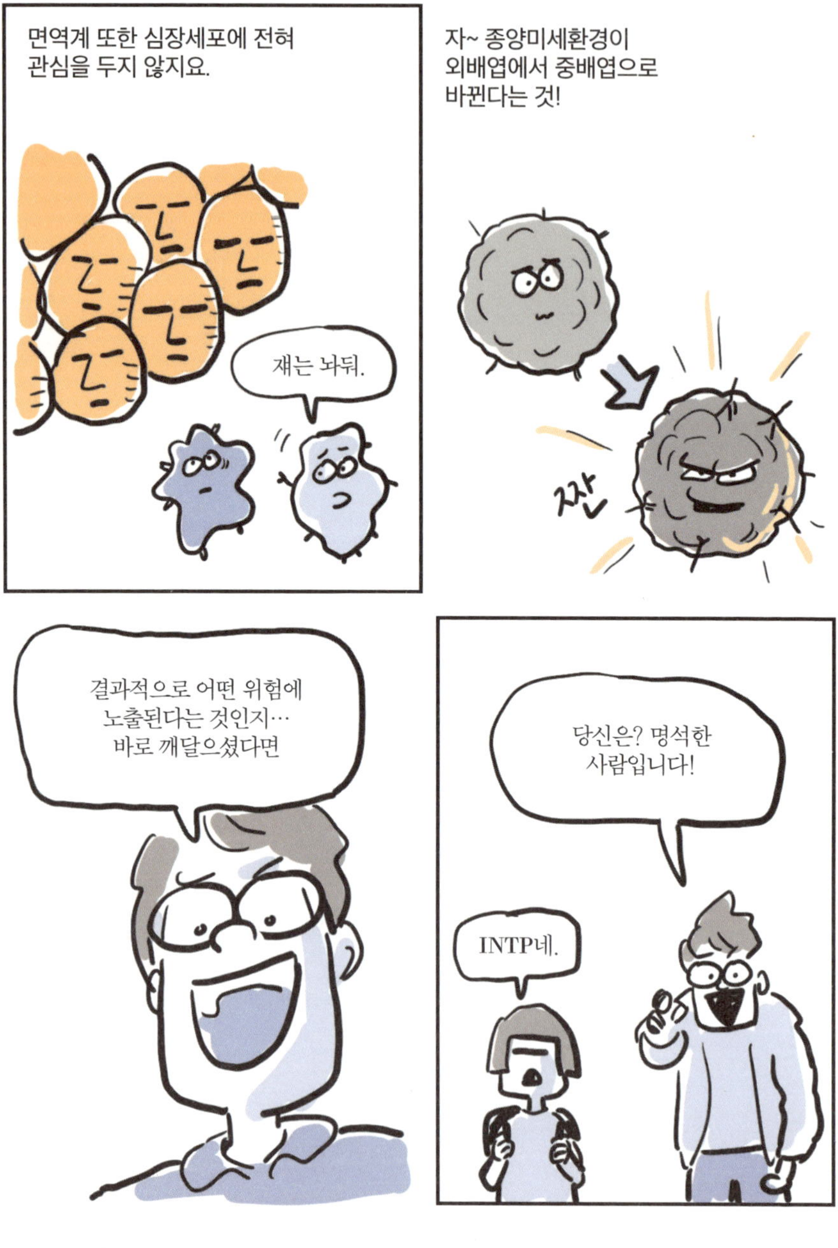
면역계 또한 심장세포에 전혀
관심을 두지 않지요.
걔는 놔둬.
자~ 종양미세환경이
외배엽에서 중배엽으로
바뀐다는 것!
짠
결과적으로 어떤 위험에
노출된다는 것인지…
바로 깨달으셨다면
당신은? 명석한
사람입니다!
INTP네.

이처럼 암조직이 외배엽성일 때는 면역계가 활발하게 일하지만
중배엽성이 되면 면역계는 슬그머니 관심을 거둡니다.

외롭다…

중배엽성인 심장세포에 면역계가 관심을 끊는 것처럼

지금부터는 암이 자신을
면역계로부터 숨기는 방법,

그리고 이에 맞서 면역계를 깨워
암과 다시 싸우게 하는 방법,
저기 봐봐.

방패와 창의 싸움에 대해서 좀 더 딥~하게 들어가 보려고 합니다.

"적을 알고 나를 알면 백전불태다."

항암 치료제를 개발하는 데 있어서 이 명언이 참 얄미운 것이…

이론적으로… 또 실제로도 면역계는 암에 대해
막강한 힘을 가지고 있습니다.

암세포의 입장에서 자신은
수많은 역경을 이겨낸 대단한 존재지만

암세포 앞에는 대단히 치밀하고
잔인한 면역계가
가로막고 있는 거죠.
면역
그런데 왜 암으로
죽는 사람이 이렇게
많은 거예요?
면역 시스템이 없다면
지금보다 더 죽었을 거라고
말하려고 하죠?
면역이 없으면 살면서 족히
백 번은 암으로 죽었을 거예요.
백 번을 죽어?
아저씨 웃기네요.

예를 들면 어떤 종양은 **M2 대식세포***, **골수유래억제세포**MDSC**를
역으로 이용해서

***M2 대식세포**M2 macrophage 염증을 유발하는 대식세포를 M1 대식세포라고 하고, 이에 반해 사이토카인을 방출하여 염증을 줄이고 복구를 촉진하는 대식세포를 M2 대식세포라고 한다. ****골수유래억제세포**Myeloid-Derived Suppressor Cells, MDSC 종양미세환경을 구성하는 면역세포의 일종. T세포, 자연살해세포 등의 면역세포 작용을 억제하고, 조절T세포의 증식을 촉발해 면역억제환경을 이끌어 낸다.

암세포 주위에 튼튼한
종양미세환경이라는 방패막을
구축합니다.
M2
MDSC
M2

방패막보다는 투명 망토가
더 좋은 비유일 것 같아요.

강력한 면역세포일지라도 암세포를 공격 대상으로
인지하지 못하는 상황이 연출됩니다.

암세포의 지능적인 전술은
이뿐만이 아닙니다.

M2… MD… 무슨 말씀이세요?
좀만 기다려요. 곧 나옴.
뜸들이는 경향이 있으세요.
우리 몸에서는 하루 2,000억 개 이상의 세포가 새로 생겨나고 사라집니다.
빠직
뽁
이 또한 몸의 항상성 유지 작용.
세포가 사라질 때는 특별한 면역 반응이 일어나지 않습니다.
아… 죽을 날이군
안녕…
감쪽같이 사라지기~

만일 세포 하나가 사라질 때마다 매번 면역 반응이 일어난다면
재앙과 같은 일이 되겠죠.

하지만 죽어가는 종양세포는…

정상세포와 달리 약간 비정상적으로
사멸합니다.

사멸하면서 **위험연관분자패턴**DAMP*
같은 것이 방출되고

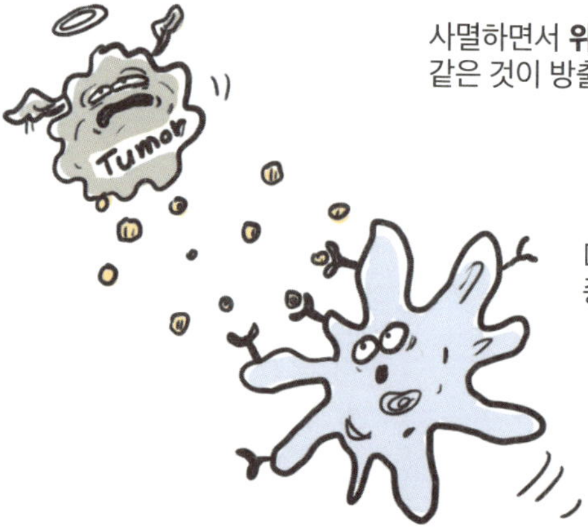

DAMP는 수지상세포를
종양세포 쪽으로 유인.

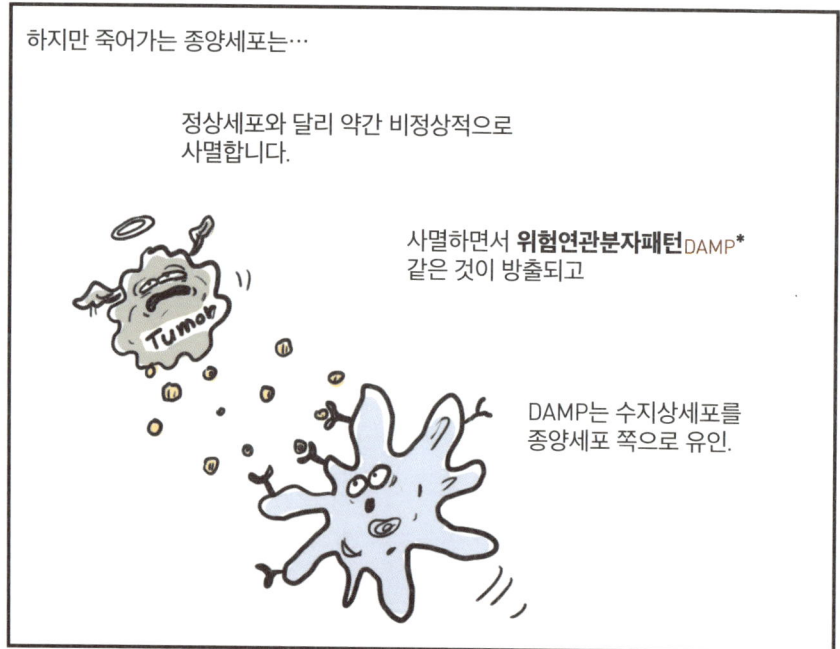

***위험연관분자패턴**Damage-Associated Molecular Patterns, DAMP 세포에 손상이나 감염을 경고하는 신호로 작용하는 분자 패턴이다.

수지상세포는 림프절로 가서
T세포에게 이 사실을
일러바칩니다.
비상!
큰일! 빨리…
이러다… 다 죽어…
알았어, 알았어…
그만~
그리고 T세포는 우아하게
암세포를 파괴합니다.
이런 일련의 과정은 종양에 대한
면역 반응의 시작이라고
볼 수 있습니다.
그런데…
불길하다…
우리 문제의
암세포는…

문제의 암세포라고 하면 보통
중배엽 전이가 일어난 녀석…
흐느적
Tumor
딴딴한 정상세포와 달리
다소 흐물거리는
중배엽성 암세포는

자신의 가슴에 위조한 명찰을
붙이고 있습니다.
정 상
이게 무슨 말이냐~

보통… 병원균에 감염된 세포는
병원균의 조각을
세포 내의 MHC 분자와 결합하고
MHC

MHC와 결합한 펩타이드(조각)를
세포 표면으로 이동시킵니다.
!
MHC

외부에 보이는 명찰 같은 거죠.

이 과정을 **항원제시***라고 하지요.

암세포도 똑같이 항원제시를 합니다.

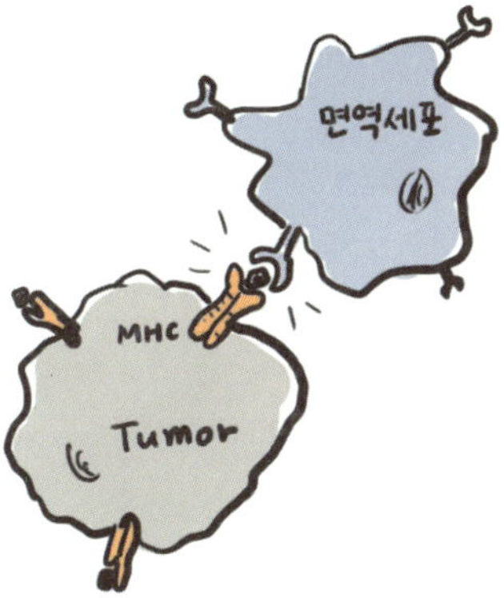

암세포는 지가 살려면 정상세포인 척하고 싶겠지만…
암세포도 항원제시 과정에 의해 '나는 암'이라는 명찰을 달고 있습니다.

***항원제시**antigen presentation 병원체의 펩타이드가 MHC 분자와 결합하여 세포의 표면으로 이동, T세포에 제시되는 것을 말한다.

문제의 암세포…
중배엽성 전이가 된 흐물흐물 암세포는
흐느적
흐느적
EMT

자신의 명찰을
정상세포 명찰로 바꿔놓습니다.
둠칫
정상

"암세포의 명찰이 바뀐다." 이 말은…
중배엽성 전이가 일어난 암세포는
MHC 1형 합성에 문제가 생긴다는, 즉
암세포로서의 항원제시에
문제가 생긴다는 뜻이지요.

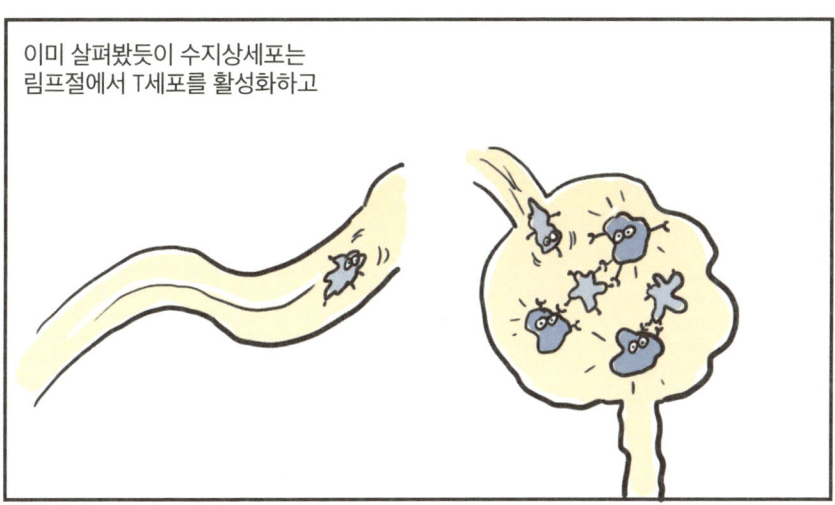

이미 살펴봤듯이 수지상세포는
림프절에서 T세포를 활성화하고

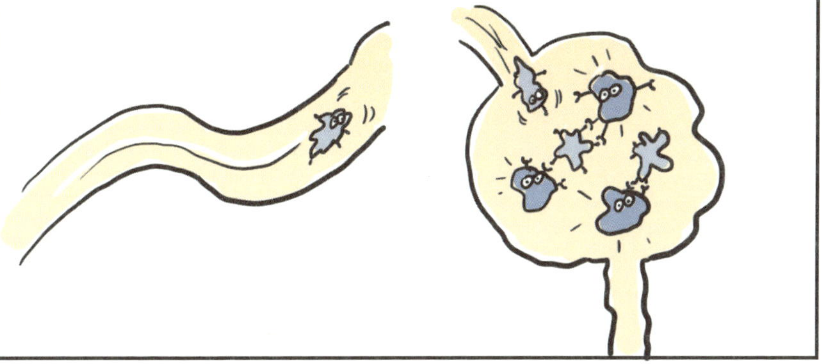

활성화된 T세포가 전쟁터로
우르르 달려오지만…

"나는 암이다"라는 항원제시에
문제가 생긴 암세포를 T세포는
알아보질 못합니다.

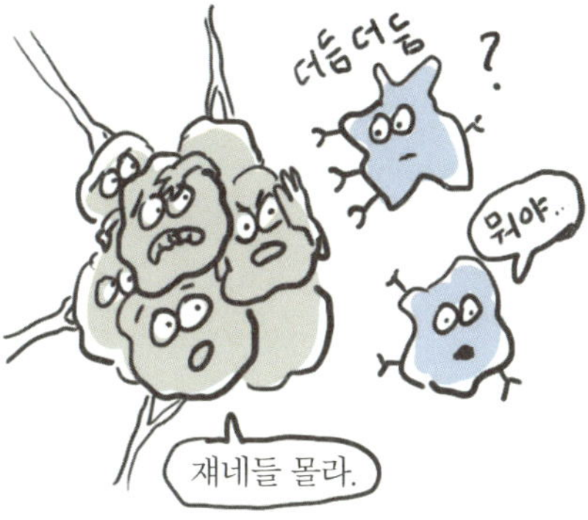

중배엽성 전이가 일어난 암세포의 MHC 1형이 줄어든 결과가
이런 식으로 나타나는 것이죠.
잡히는 게 없네…
EMT

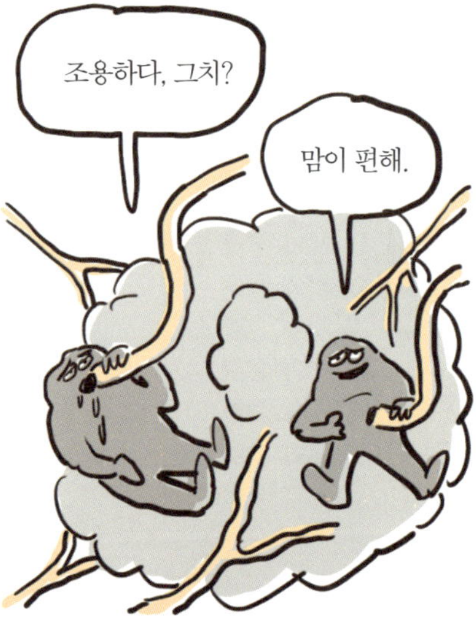
조용하다, 그치?
맘이 편해.

벌써부터 놀라면 안 되는 것이, 이 정도 술책은 앞으로의 것에 비하면 아무것도 아니라는 겁니다.

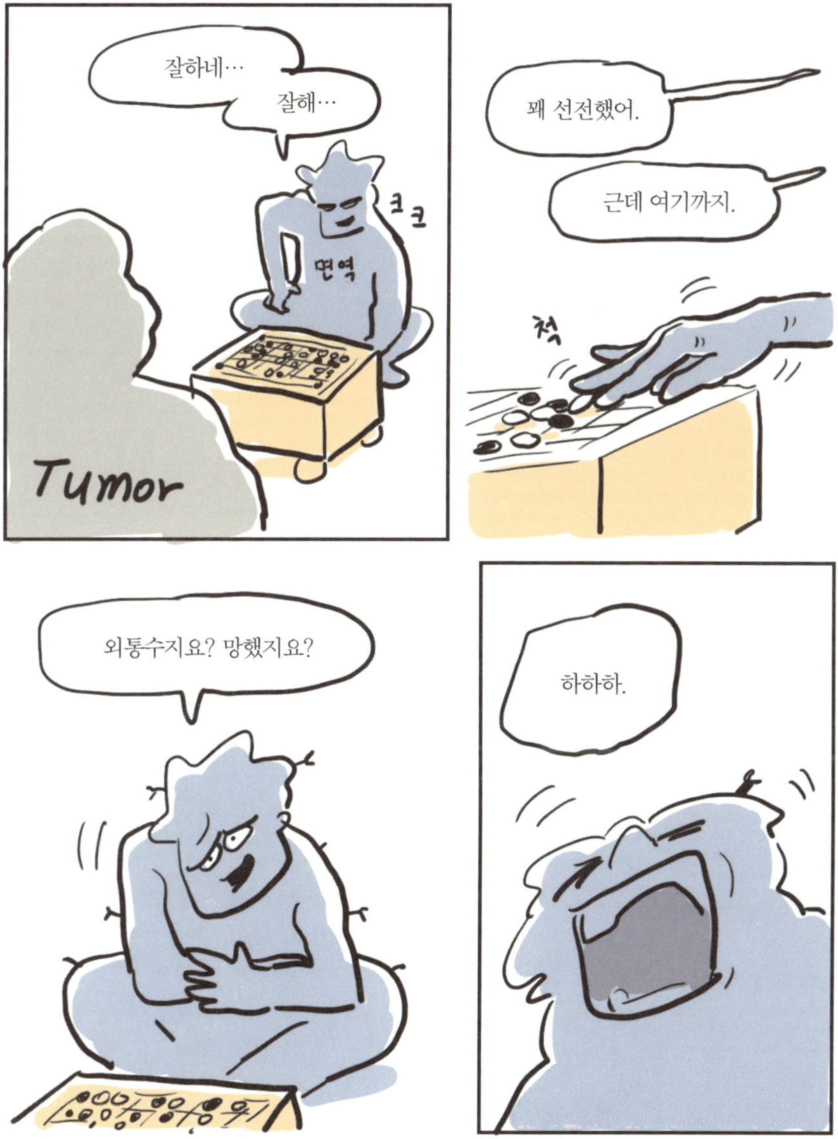

너 같은 놈들,
숱하게 봐왔다.
얘들아, 손모가지
자르지 않고 뭣 허냐.
척
....

어... 어?! 어?
아악

암세포의 또 다른 계략은… 면역 체크포인트, 즉 면역관문을 이용하는 것입니다.

그런데 암세포는 면역관문을 자신의 생존에 이용하지요.

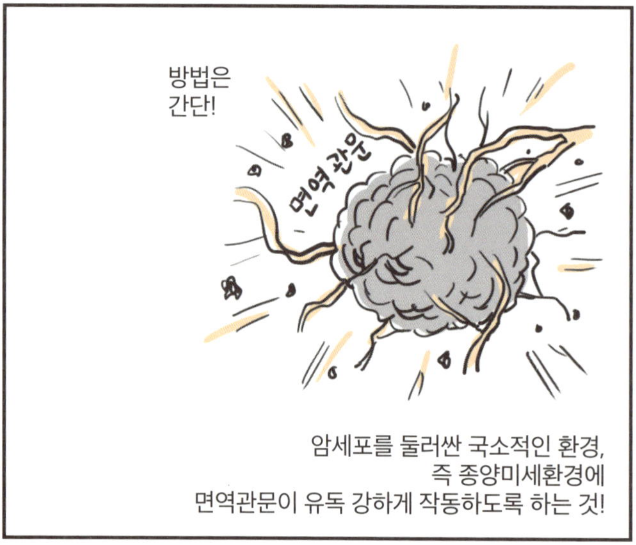

면역계는 종양이나 병원균 같은 것들을 격렬하게 격퇴하는 쪽의 방향,

공격을 억제하고 염증을 가라앉히는 방향,

자세히 좀 볼까요. 종양조직 안에는 여러 종류의
대식세포와 수지상세포가 있는데

애초에 녀석들은 혈액을 타고
종양조직으로 와서

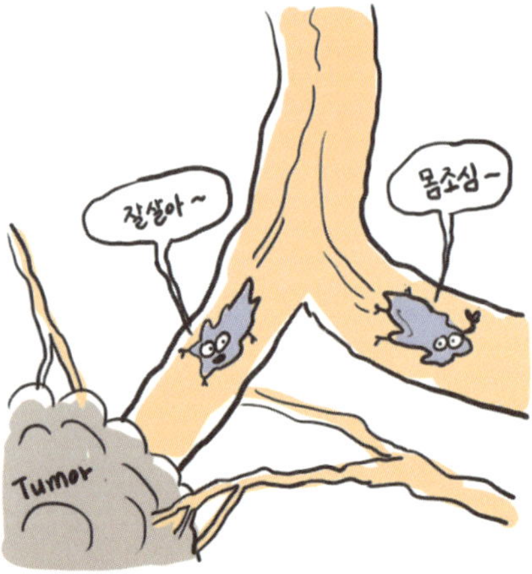

종양조직의 여러 세포와 상호작용 한 후
다양한 기능을 가진 세포로 분화합니다.

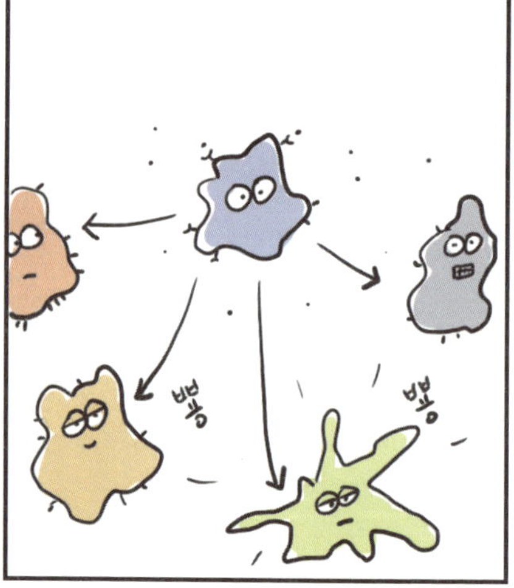

대식세포는 몸의 특정 부위에 고착돼 있는
녀석도 있고, 혈관을 타고
여기저기 돌아다니는 녀석도 있습니다.

다양한 장소에서
위치에 맞게 분화하여
자신이 맡은 일을
착실히 수행하고 있지요.

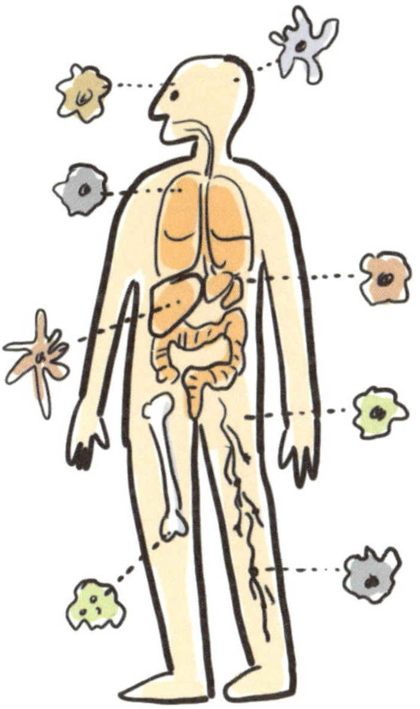

다시 돌아와서 종양조직으로 이동한
대식세포는 **종양관련 대식세포**TAM*로
분화합니다.

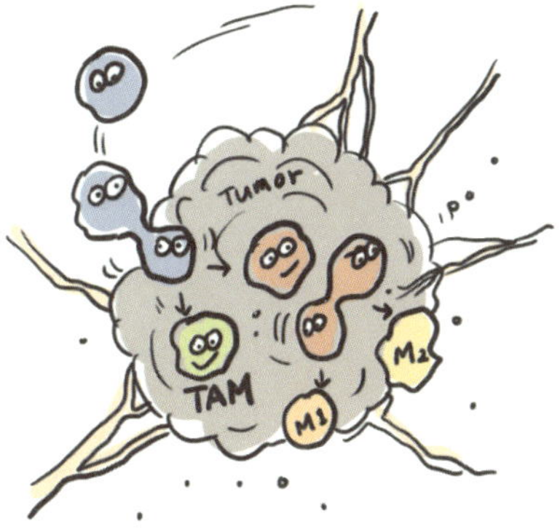

TAM은 또 암의 위치와 종류에 따라
다양한 대식세포로 분화한다는
사실도 알아두세요.

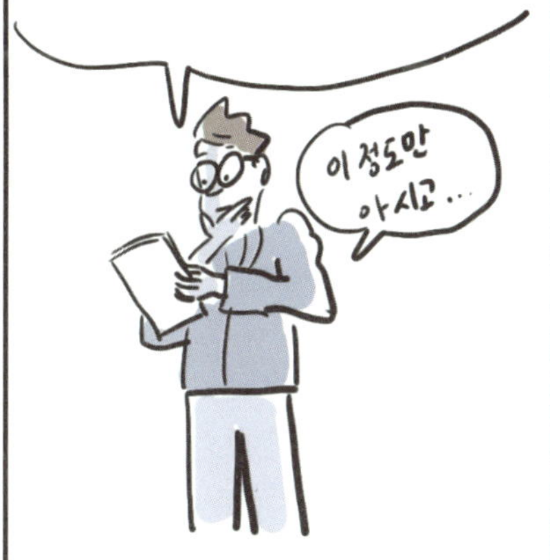

***종양관련 대식세포**Tumor-Associated Macrophage, TAM 암조직에 높은 빈도로 존재하는 대식세포의 한 종류.

종양조직에서 TAM은 **M1 대식세포, M2 대식세포**로 분화합니다.

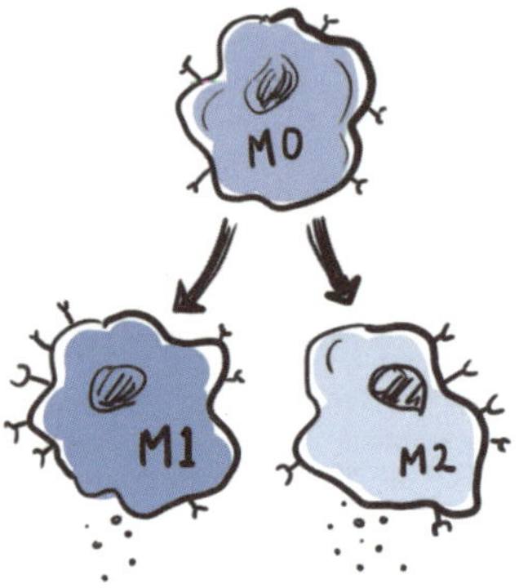

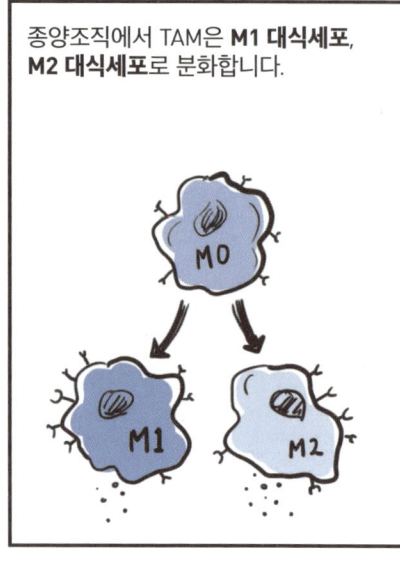

종양조직에서 M1, M2는 반대되는 기능을 함으로써 균형을 맞추고 있습니다.

M1 대식세포는 염증을 일으킵니다.

반대로 M2 대식세포는 항염증을 일으킵니다.

한쪽은 면역계를 자극해서
암세포를 때려 부수는 방향,
평화는 강한 힘으로 이루어지는 것!
M1
반대쪽은 염증을 가라앉히고
사이토카인을 방출하여
면역 반응을 감소시키는
방향입니다.
진정하세요. 이러다 우리 다 죽어요. 제발~
Peace~
M2
치유할 시간이에요~
우리 몸의 선량한 다수 세포를
보호해야 한다구욧!
M2
일리가 있긴 해.
뭐야!
그런데 종양을 퇴치하는 면에서는
하등의 도움이 안 되는 것이지요.
M2, 정신 차려~
M2

M2, 모르겠나?
이용당하고 있는 거라고! 암세포한테~
무슨…
말씀이세요.
짝짝
이 장면은 중배엽 전이가 일어난 암세포가 M2 대식세포를 이용하는 장면을 연출한 것입니다.
이것이 왜 암세포의 '신의 한수'가 되는지… 궁금하죠?

종양조직에 침투한 M1 대식세포는 암을 공격하지만
M2 대식세포는 결과적으로
암을 보호하는 역할을 합니다.

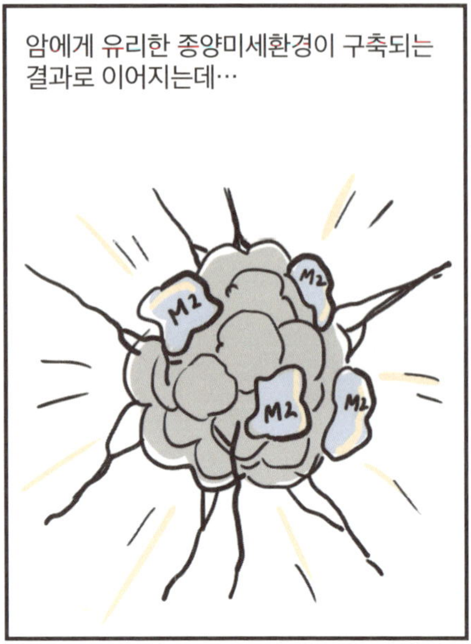

M2 대식세포의 작용 때문에
열심히 싸워야 할
T세포와 같은 면역세포가
비상 상황을
제대로 파악하지 못하는 것이죠.

원래 M2 대식세포는 분명한 소임을 가지고 있었습니다.

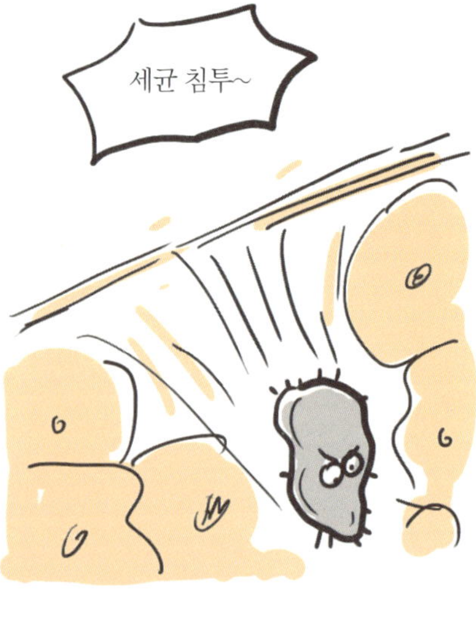

***종양괴사인자 알파**Tumor Necrosis Factor-α, TNF-α 염증 반응과 관련된 세포 신호전달 단백질로, 급성기 반응을 유도하는 사이토카인이다.

이런 이유로 대식세포는
M2 대식세포로 분화.

기능이 다하든 사고 때문이든 간에
죽을 시간이 된 세포는 표면에
PS*를 나타냄.

***포스파티딜세린**Phosphatidylserine, PS 이상이 생긴 세포는 세포자멸 신호 PS를 세포막 바깥에 노출한다. 이때 PS는 “나를 조용히 먹어줘(eat-me signal)”를 나타낸다.

PS는 대식세포 표면의
MER 수용체와 결합.

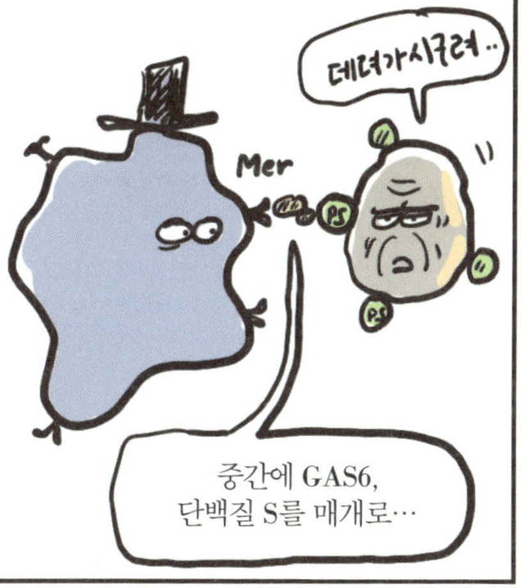

다음 과정으로 대식세포는
식작용을 시작하죠.

동시에 대식세포는
M2 대식세포로 분화.

예상하듯이 M2 대식세포는
면역 활동을 억제하고
조용히 세포를 청소하는 역할을 수행.

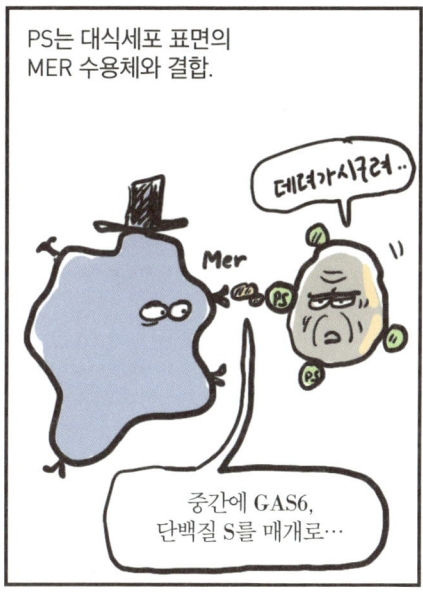

근데 암세포의 경우에는
내가 암을
도와주고 있는 거네요.
끙끙
괴로워~
힘들어~
아앙
M2
당신 탓이
아니오.
암 녀석
때문…
M2,
아까 MER라고
했던가?
머? 뭐라고
했냐고요?
아니 MER… MER
말이야.

MER… 대식세포 같은 세포의 표면에 있는
수용체요? PS와 결합해서
세포가 조용하게 사멸되게 하는…

과학자들은 암세포가
M2 대식세포뿐만 아니라
골수유래억제세포MDSC 역시
자신의 생존을 위해
이용하고 있다는 것을 알게 됩니다.

연구에 의하면 MDSC를 많이 포함한 암조직이 있는 환자는 예후도 좋지 않고 항암제에 대한 내성도 높게 나옵니다.

암은 자신의 주변에 면역 억제 역할을 하는 MDSC와 M2 대식세포를 끌어모아 암세포 주위에 종양미세환경을 구축.

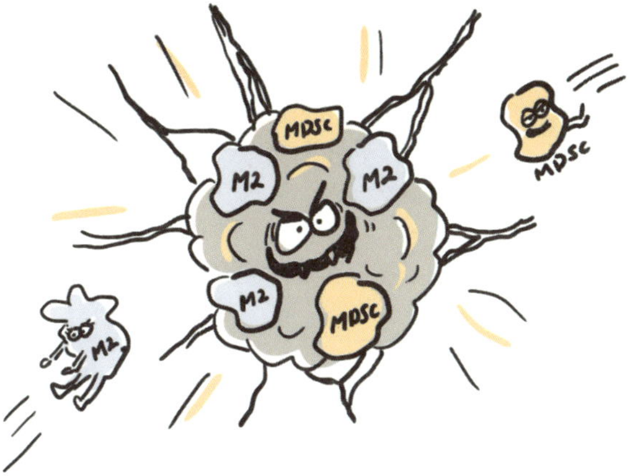

이쯤 되면 항암제도 무용지물…

이 상태를 **콜드튜머**cold tumor라고 부릅니다.

종양에 T세포가 침투해야 암을 때려잡을 것이고 면역항암 치료제가 위력을 발휘할 수 있는데 콜드튜머 상태에서는 T세포의 활동이 제한됩니다.

이에 반해 **핫튜머**hot tumor 상태가 있는데…

이미 콜드튜머 상태에 접어든 상태라면 어떻게 해서라도 전장을 핫튜머로 되돌려야 하는 거죠.

부관~
지금 상황에서 우리가 뭘 해야 한다고 생각하나?!
물리쳐야죠. 암을… 잘…
암을 물리친다…
그러니까 구체적으로 뭐가 필요하냐니까.

중배엽성의 종양미세환경을
다시 외배엽성으로
되돌리기 위해 필요한 것~
외배엽
중배엽
그렇게 해서 콜드튜머를
핫튜머로 되돌리기 위해
필요한 것~
Hot Tumor
활 활
면역을 다시 활성화하고
항암제가 잘 듣게 하기 위해
필요한 것~
Tumor
M2 대식세포와 MDSC를 줄이고
대신에 M1 대식세포를 늘려서
종양에 T세포가
가득 모이게 하려면
필요한 것…
MDSC
M1
M1
M1
MDSC
T
T
T

필요한 게 뭐냐고~
풀썩
암이 구사하는 전술은 치밀하고, 이로 인한 효과는 굉장히 복잡합니다. 거의 대처가 불가능합니다.
그런데… 장군~ 모든 것에 대처할 필요가 없을지도 모릅니다.
몇 개의 길목만 차단하면… 두어 개 정도면… 충분할 겁니다.

차단하는 순간 작은 틈이 벌어질 것이고,
그 틈으로 면역계가
치고 들어갈 수 있습니다.

우와~
우르르

그때부터는 면역계의 힘으로 전쟁을 끝내는 거죠.

우리가 할 일은
저해제를 만드는 겁니다.
장군.
조금… 조금만 자세히
말해보게.
알아들을 수 있도록.

암세포가 면역의 힘을 차단하는 비밀은 면역관문을 이용하는 것입니다.

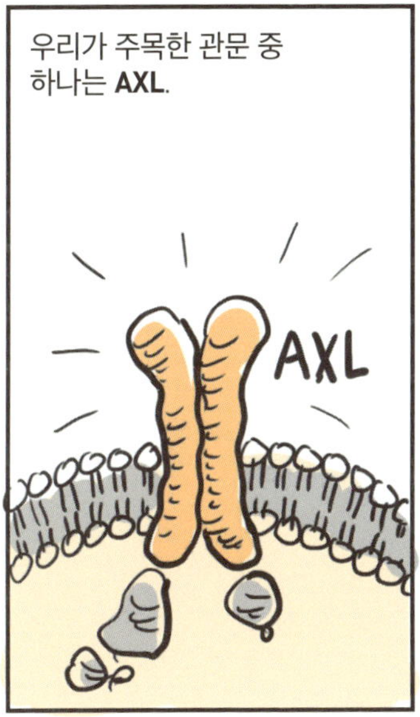
우리가 주목한 관문 중
하나는 **AXL**.
AXL

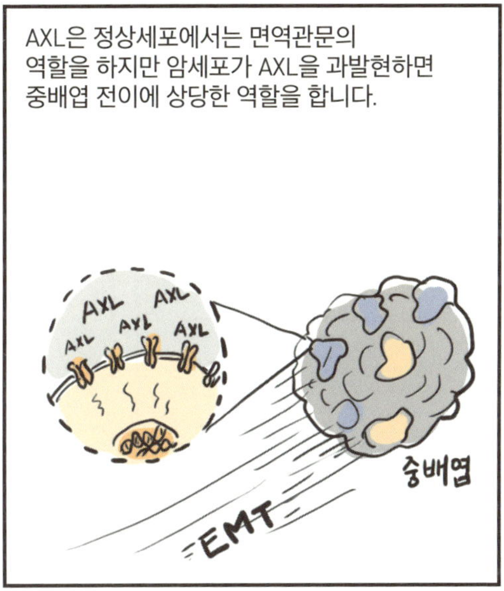
AXL은 정상세포에서는 면역관문의
역할을 하지만 암세포가 AXL을 과발현하면
중배엽 전이에 상당한 역할을 합니다.
AXL
중배엽
EMT

그런데 AXL만을
선택적으로 억제한다면
어떻게 될까요?
크헉
AXL

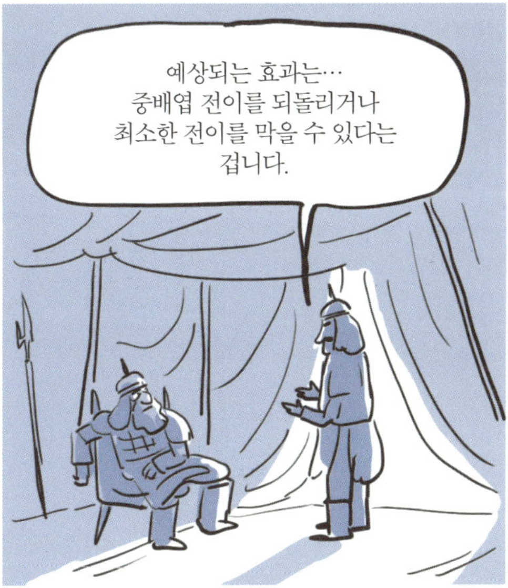
예상되는 효과는…
중배엽 전이를 되돌리거나
최소한 전이를 막을 수 있다는
겁니다.

중배엽 전이의
중요한 특징이
뭐였습니까?
암세포에서 항원제시 작용을 하는
MHC 1형 발현이 차단되는 거였죠.
에러
AXL을 억제하면, 다시
MHC 1형 발현을 촉진할 수 있는
길이 열리는 겁니다.
어?
나는 암!
MHC-I
바로 이 포인트가 암세포의 방어막에
틈이 벌어지는 순간이죠.
콰르르
암세포는 자신의 존재를 알리는
항원제시가 활발해지고

수지상세포는 림프절로 가서
T세포를 활성화할 것이고
많아진 T세포는 암세포를
무수히 공격하겠지.
!
허헛.
부관, 너 좀 한다.
뭘요
타깃은 AXL 외에
또 있습니다.
MER
뭐가 뭔데?

보통은 죽음에 임박한
세포 표면의 PS가 대식세포의
MER 수용체에 결합해서

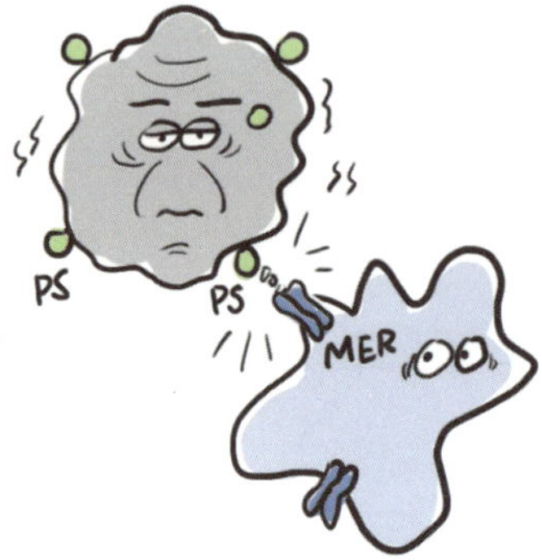

대식세포의 식작용을 유도하고

대식세포는 이어서 M2 대식세포로
분화합니다.

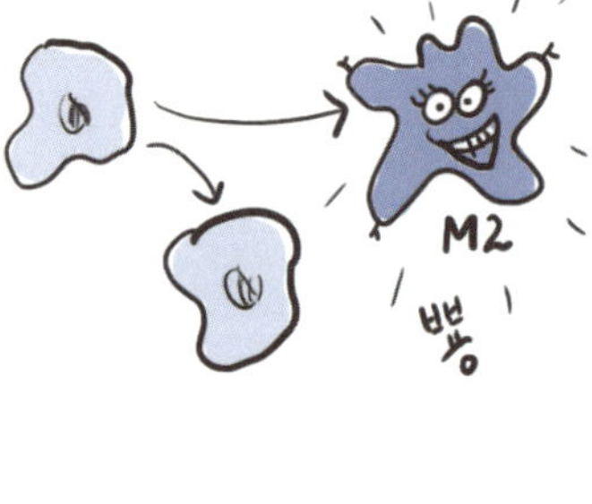

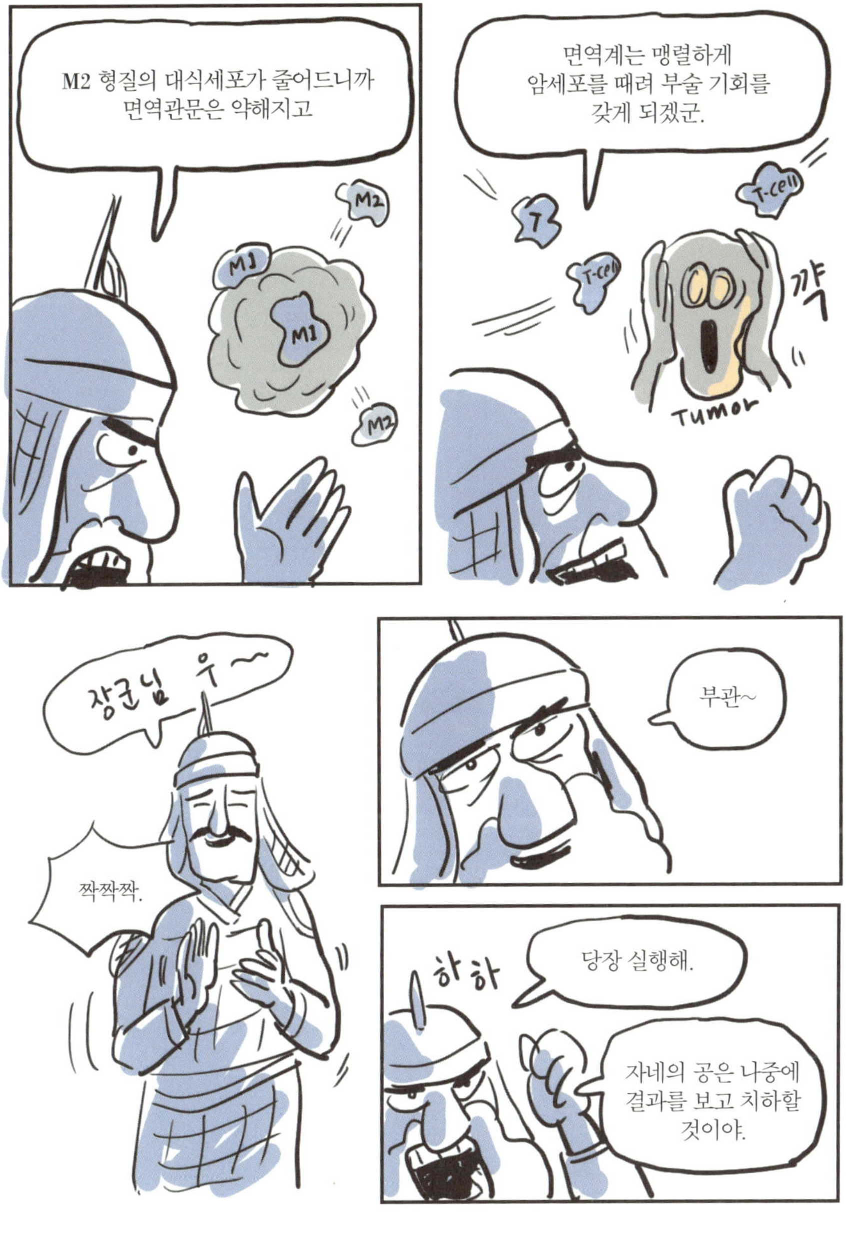
M2 형질의 대식세포가 줄어드니까
면역관문은 약해지고
M2
M1
M1
M2
면역계는 맹렬하게
암세포를 때려 부술 기회를
갖게 되겠군.
T-cell
T
T-cell
꺄
TUMOR
장군님 우~~
짝짝짝.
부관~
하하
당장 실행해.
자네의 공은 나중에
결과를 보고 치하할
것이야.

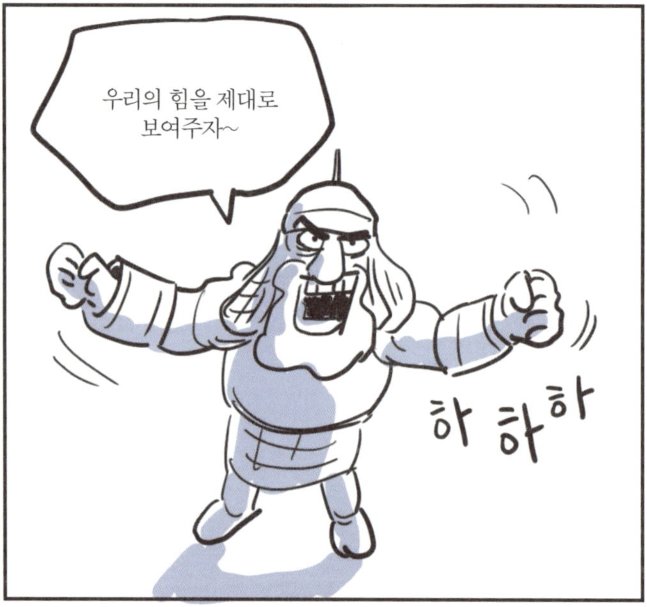

이렇게 만들어진 것이 Q701이라는 물질, 국내 바이오테크 사에서 개발한 면역항암제의 첫걸음이었죠.

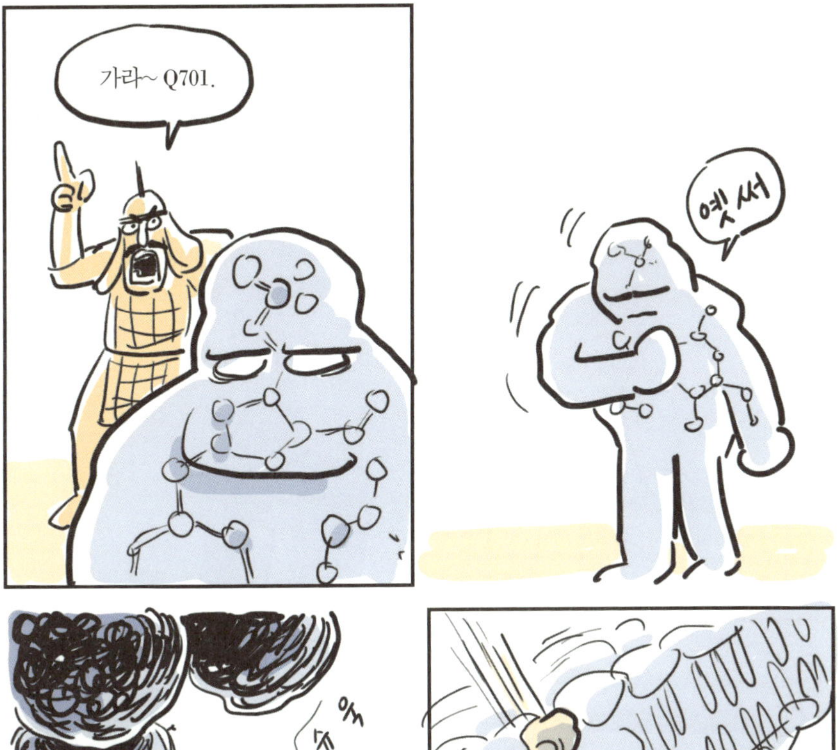
가라~ Q701.
옛써
MER
MER
AXL
AXL
으아아아
광
광

으갸갸갸
날 밟고 지나가랏~

AXL/MER 억제제의 효능은?
의미 있는 효과가 있었습니다.

***항 PD-1/PD-L1** 면역계의 효율적인 반응을 위해 개발된 약물. 암세포 표면에 존재하는 PD-L1과 T세포의 PD-1의 결합(결합 시 면역 억제)을 방해함으로써 T세포가 암세포를 활발하게 공격할 수 있도록 돕는다.

면역항암제로서 확실한 자격을 부여받으려면 단독으로도 확실한 효과를 보여줘야 해.
AXL, MER 저해제는 다소 부족합니다.
항상성 유지와 관련된 것들이라서… 이 무기는 한계가 있는 걸까?
장군~ 그래서…
AXL, MER 외에 CSF1R도 억제하는…

종양조직에서 발현돼 분비되는 CSF1은
주위의 대식세포를 끌어들이는 역할도 하고

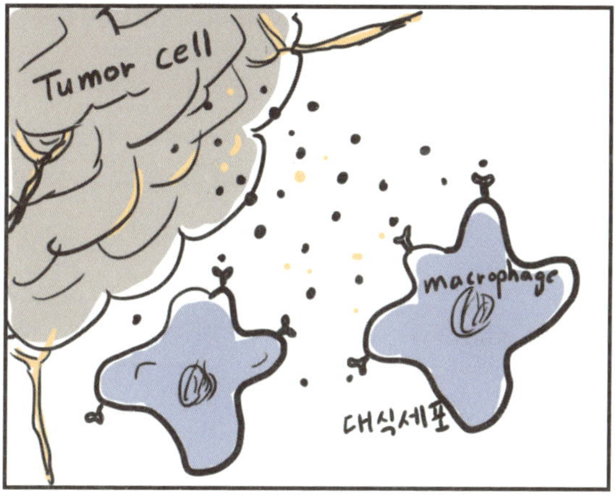

CSF1의 농도가 높은 종양을 가진 환자는
예후가 좋지 않다는 연구 결과가 있습니다.

CSF1의 신호는 대식세포의 분화를 일으키기도 하죠…

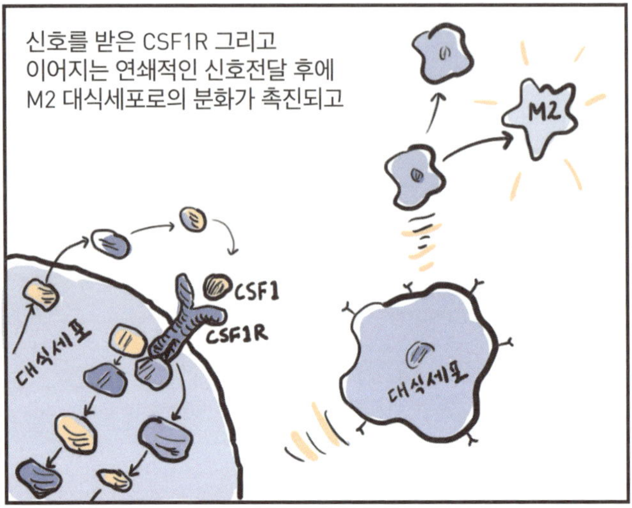

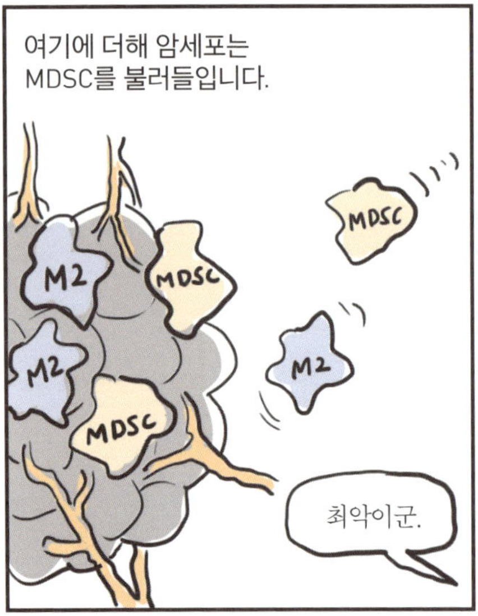

핫튜머로 전환될 테지.
HOT
면역계가 힘을 쓸 수 있고
종양은 항암제에 민감하게 반응할 수밖에 없고.
그렇습니다. 장군.
뭘 기다리나. 시간이 없어. 당장 무기를 보강하게.
이미 준비하고 있습니다.

면역항암제, 면역관문 억제제로 분류되는 항암제입니다.

연구진은 AXL, MER 수용체를 저해하는 Q701의 혹시 모를 독성을 조사하던 중,

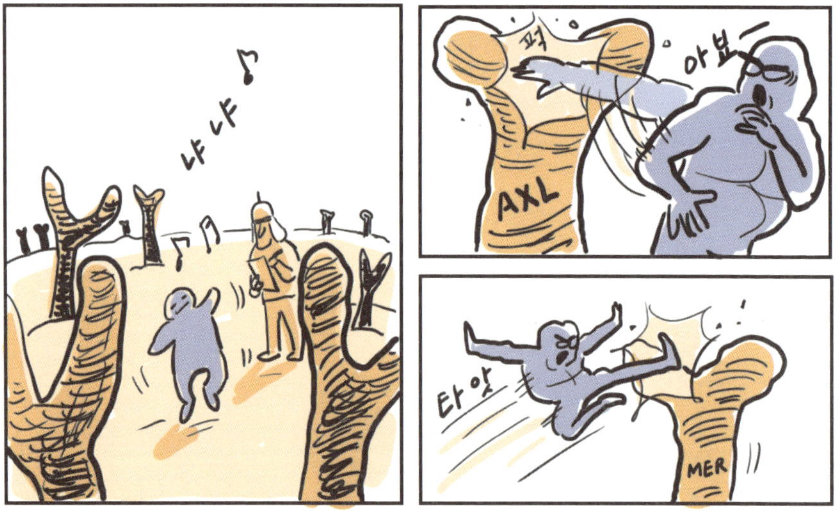

Q701이 CSF1R을 조금이긴 하지만 저해한다는 것을 발견!

CSF1R을 더욱 확실히 저해할 수 있고 기존의 AXL, MER 저해 효과는 온전히 가지는 물질, 이런 물질을 굉장히 번거롭고 정밀한 실험을 통해… 끝끝내 완성했으니…

AXL, MER, CSF1R 세 녀석만을 선택적으로
저해하기 위해 태어난 540돌턴 정도의 분자.
의아아아아
AXL
MER
CSF1R

아드릭세티닙은 암세포와
여러 면역세포를 가리지 않고
세포 표면에 있는 AXL, MER,
CSF1R 수용체에 접근.

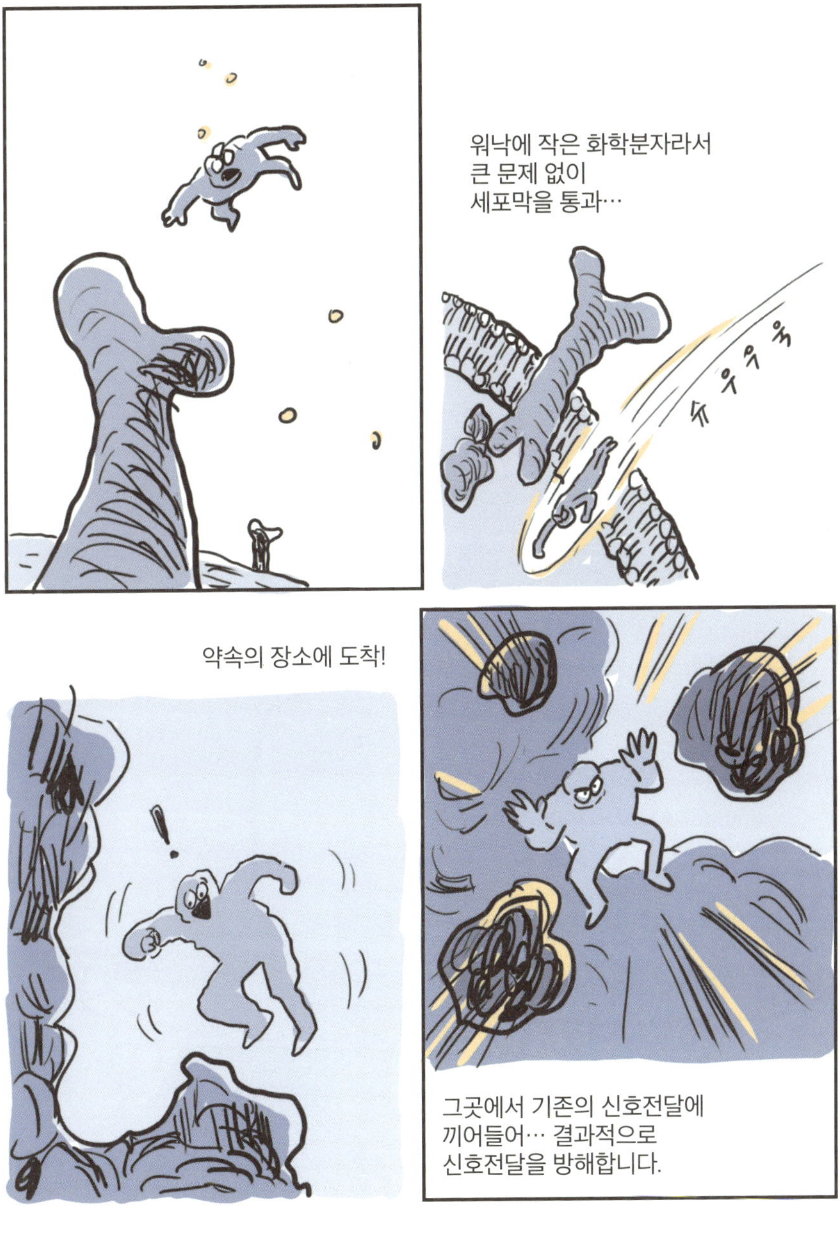
워낙에 작은 화학분자라서
큰 문제 없이
세포막을 통과…
슈우우욱
약속의 장소에 도착!
!
그곳에서 기존의 신호전달에
끼어들어… 결과적으로
신호전달을 방해합니다.

이것이 아드릭세티닙의 임무!

퍽
퍽
해냈어요!
아드릭세티닙의 여정을 마치 '히어로의 모험'처럼 표현했지만 실제로는 작은 분자들이 아무 생각 없이 화학적, 물리적으로 이리저리 빠르게 운동하고 충돌하는 상황으로 보면 되겠습니다.
어쨌거나 거시적인 결과는 AXL, MER, CSF1R의 신호전달 체계에 영향을 가해서 저해제로서 작용하는 것이죠.

어때?
어떻게 되고 있나?
장군~ 성공한 것
같습니다~

기대대로 되고 있어요.
긍정적인 신호가 보입니다. 장군~

실제로 아드릭세티닙은 다른 항암제와 같이 투여하든, 단독으로 투여하든 모두 효과가 나타나고 있습니다.
Q702

설명을 좀 해봐.
여기 보세요~

종양미세환경의 M2 대식세포,
MDSC가 줄어들고
M2
M2
M2
M2
MDSC
MDSC
후두둑
M1 대식세포가 증가하고
있지 않습니까.
T세포도 몰려들고 있고요.
M1
M1
M1
T
T
T
장군! 중요한 게
뭔지 아십니까?
인터페론감마INF-γ 수치가
올라가고 있습니다.
잘못 들은 거 아니지?
인터페론감마?
바로 들으셨습니다.

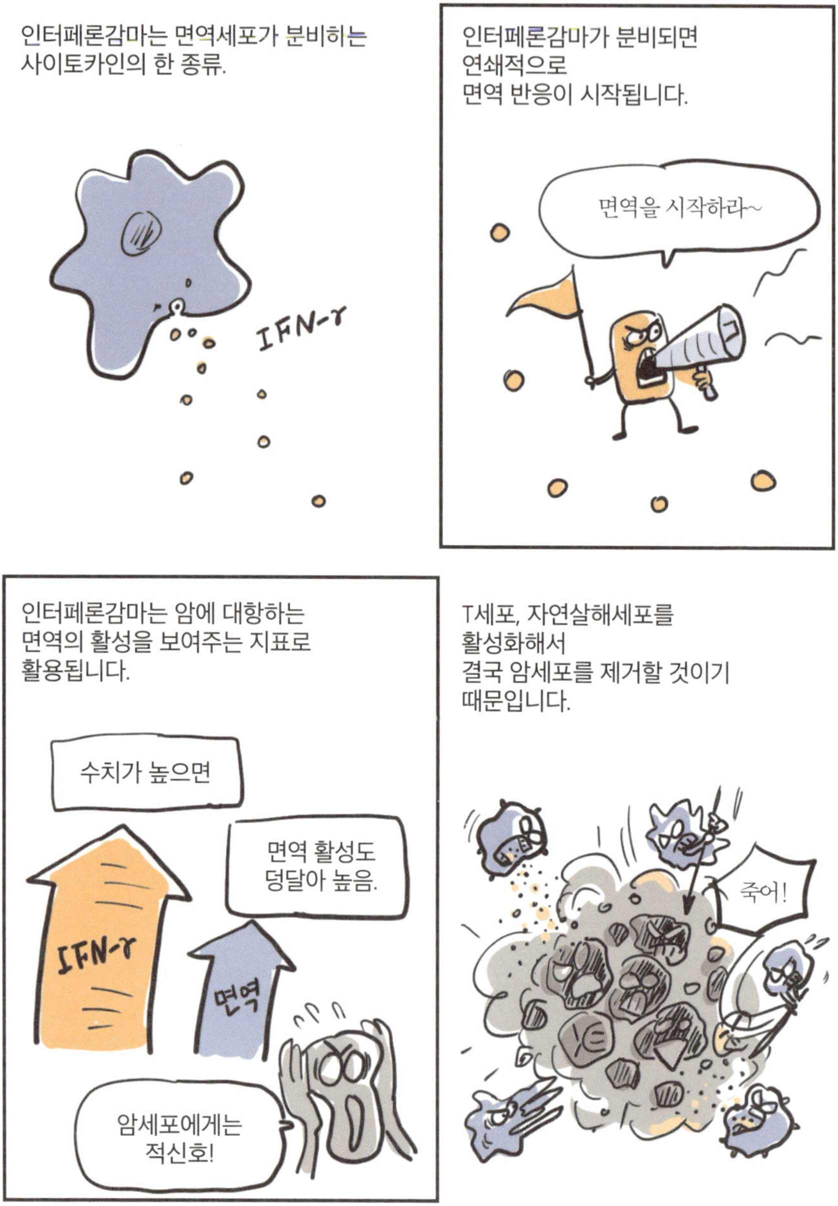
인터페론감마는 면역세포가 분비하는
사이토카인의 한 종류.
IFN-γ
인터페론감마가 분비되면
연쇄적으로
면역 반응이 시작됩니다.
면역을 시작하라~
인터페론감마는 암에 대항하는
면역의 활성을 보여주는 지표로
활용됩니다.
수치가 높으면
IFN-γ
면역 활성도
덩달아 높음.
면역
암세포에게는
적신호!
T세포, 자연살해세포를
활성화해서
결국 암세포를 제거할 것이기
때문입니다.
죽어!

더불어서 중요한 것은…
인터페론감마 수치가 높으면
항암제의 효능이
올라간다는 것!

아드릭세티닙이 암조직에서
인터페론감마를
증가시킨다는 것은?

이제 이 이야기의
종착역에 도달합니다.

아드릭세티닙은 미국 중심의
바이오테크 산업에
우리나라 역시 언제든 도전할 수
있다는 점을 시사해 주는
사례입니다.

물론 지금도 연구와 임상은
계속되고 있지만요.

요약을 좀 해볼까요.

아드릭세티닙은 중배엽 전이를
되돌려서
면역을 활성화하는
열쇠가 됩니다.

중배엽 전이가 되돌려진다는
확실한 지표가 있습니다.

T세포와 인터페론감마가
증가하는 것.

중배엽이 아닌 외배엽성 세포에서
나타나는 표지인 **이카드헤린***이
증가한다는 사실.

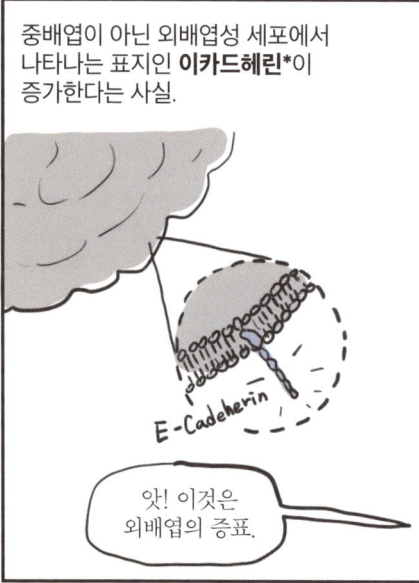

그리고 암세포에서 MHC 1형이
증가한다는 사실.

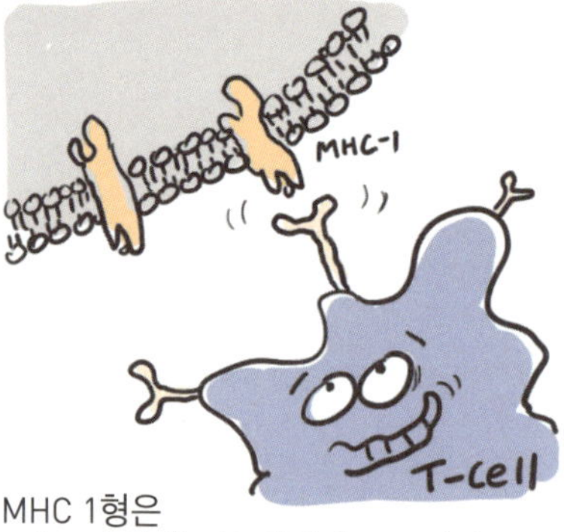

MHC 1형은
T세포가 암세포를 식별하는 표지자.

이 모든 것이 중배엽성에서 외배엽성으로
되돌아간다는 증거가 됩니다.

***이카드헤린**E-cadherin 주로 우리 몸 상피세포에 존재하는 단백질이며, 세포 부착에 관여한다. 이카드헤린은 종양세포의 침습을 억제하는 것으로 알려져 있다. 여러 종류의 암에서 이카드헤린의 발현 감소가 관찰되며, 발현의 양상을 통해 암 진행과 전이 가능성을 파악하기도 한다.

VICTORY~
T-CELL
우리 군대가 암조직을
소탕하기 시작했습니다.
적의 세가
꺾이고 있군!
이번에도 그 무기
때문인가?
아드릭세티닙이
큰일을 하고 있습니다.

너가
아드릭세티닙이냐.
와라~
넌 이미 죽어 있다.
Q702

암조직의 면역 회피 능력을 떨어뜨리는 아드릭세티닙…

핫튜머로의 전환!
Q702
나는
아드릭세티닙이다.
면역관문
억제제~

장군
어딜 그렇게 바삐 가십니까?!

아시면서… 암을 죽이러 갑니다.
적의 기만술이 벗겨졌소. 희망이 생겼습니다.
장군~ 제국은 살아날 거요.
말하지 않았습니까. 그날이 오늘은 아니라고.
그럼~

그런데 당신들
뭐 하는
사람들이오?
암을
때려잡는
사람.
우리나라에서
강력한 면역항암제가
나올 날이
머지않았을지도…
흐뭇…
그럼 다음 이야기로
만나요.
여러분~

2 DNA 복구를 막아라, 암세포를 자멸로 이끄는 방법

암세포

사멸하지 않고
무한 증식하는 돌연변이 세포.

Q901/CDK7

Q901: CDK7의 작용을
저해하여
암세포를 자멸하게
하는 표적항암제.

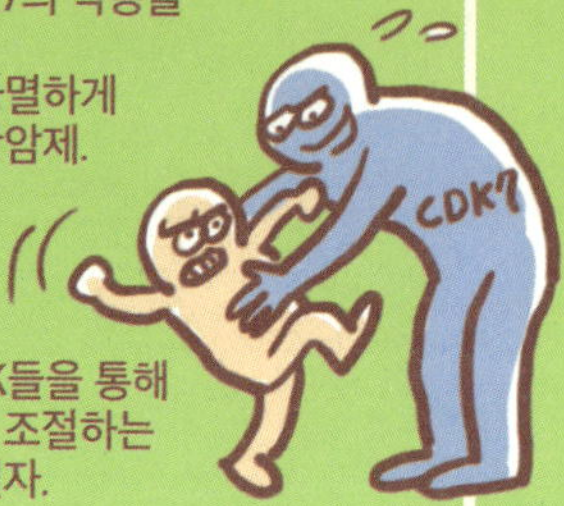

CDK7: CDK들을 통해
세포주기를 조절하는
마스터 조절자.

토포아이소머라아제 저해제

암세포의
DNA 복제 및
전사를 방해하는
독성물질.

호기심 천국 할아버지

바이오 아저씨에게
붙잡혀
항암제 기전의
이해를
강요받는다.

CDK7 저해제, Q901

사이클린 의존성 인산화효소CDK / 사이클린

사이클린 의존성 인산화효소: 세포의 분열과 재생 등을 포함하는 일련의 과정, 즉 세포주기를 조절하는 단백질.

사이클린: CDK에 결합해 세포주기 진행을 좌우하는 단백질. CDK는 사이클린과 결합해야만 활성화된다.

CDK 무리

세포주기의 각 단계에서 작용하는 20여 종의 CDK.

바이오 아저씨

항암제 개발자. 바이오테크 기업에서 연구하고 있다.

2

사람과 같은 다세포생물은 수정란 시절 단 한 개의 세포로 시작해 분열을 반복합니다. 성체가 되면 세포의 수가 40조 개에 육박하고 그 수는 그대로 유지되죠. 우리 몸을 유지하기 위해 세포는 계속 분열하지만 모든 세포가 그런 것은 아닙니다. 피부세포는 평생 동안 분열을 거듭하지만 신경세포나 근육세포는 어느 순간 더 이상 분열하지 않습니다. 또 간세포의 경우는 상처가 생겨 세포가 유실되었을 때만 분열합니다. 이를 통해 세포분열은 우리 몸의 어떤 통제 아래 진행되고 있다는 것을 알 수 있습니다.

하지만 통제를 벗어나 자기 마음대로 분열하는 존재가 있으니, 바로 암세포입니다. 화학항암제 개발 이후 과학자들은 암세포의 특성에 주목합니다. 폭주하는 분열을 적절하게 통제하는 것이 항암 치료의 새로운 방법이 될 수 있다고 생각한 거죠. 그런데 세포의 분열을 대체 어떻게 조작할 수 있을까요? 분열을 이해하기 위해 우리는 '세포주기'에서부터 시작해야 합니다.

세포가 하나에서 둘로 나뉘는 과정을 세포주기라고 합니다. 과학자들은 연구를 통해, 세포주기의 과정을 통제하는 모종의 조절 시스템에 대해 알아낼 수 있었습니다. 세포 외부로부터의 신호, 세포 내부의 작용 등이 세포주기의 진행과 중단을 결정하고 있었죠. 세포주기의 과정은 매우 정교했습니다. 단순히 한 번의 온/오프에 의해 진행되는 것이 아니라 특정 지점에서 멈추고 특정 지점에서 다시 시작되는 체계가 존재했습니다. 그런데 어떤 분자들이 이러한 과정에 결정적 영향을 주고 있다는 사실을 발견합니다.

이 분자들을 조절할 수 있다면? 새로운 항암제의 아이디어가 탄생한 순간입니다. 과학자들은 세포주기를 이용해 항암제의 가능성을 테스트하려 했고, 표적항암제의 개발이 시작됐습니다. 표적항암제 개발의 과정은 과학의 묘미를 잘 보여줍니다. 하나의 연구가 새로운 연구의 물꼬를 트기도 하고 또 우리를 예상치 못한 새로운 갈림길에 데려다 놓기도 하죠.

표적항암제 이야기는 분자생물학의 여러 영역을 넘나듭니다. 유전자 발현, 전사 조절, 유전체 복구 기작, 세포 신호전달 등 듣기만 해도 머리가 아플지 모릅니다. 하지만 크게 걱정할 필요는 없습니다. 이해의 과정이야말로 과학 그 자체니까요. 어쩌면 미완의 지점에서 문제를 놓지 않는 태도가 인류 발전의 원동력이었을지 모르지요. 그럼 이제 항암제의 또 다른 세상으로 들어가 볼까요?

여기에 **CDK7 저해제**라고
불리는 것이 있습니다.
Q901
이것은 표적항암제로 기능하지요.

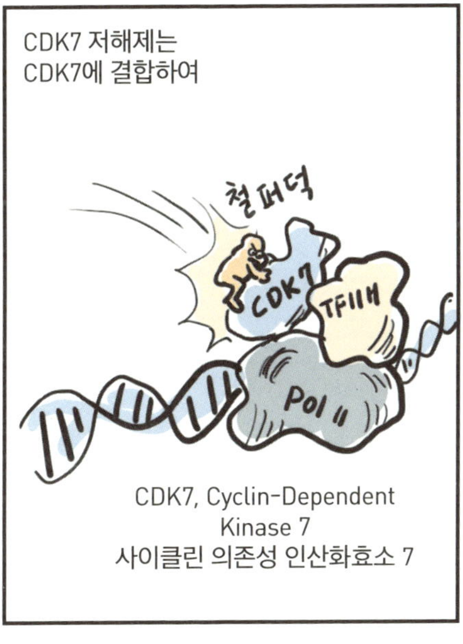
CDK7 저해제는
CDK7에 결합하여
철퍼덕
CDK7
TFIIH
Pol II
CDK7, Cyclin-Dependent
Kinase 7
사이클린 의존성 인산화효소 7

암세포의 **세포주기**를 멈추고
!
S
G1
G2
M

결과적으로 암세포의 증식을 차단하여 암세포를 사멸로 이끕니다.
줄어든 거 보이시죠?
Yes!
뭐요?
도대체 이게 무슨 소리인가 싶으시죠?
CDK7이 무엇이며
세포주기가 무엇이냐… 이 말씀이실 텐데..
아니…

그냥 하나도 못 알아먹겠어요.
나는 가봐야 쓰겄어.
으쌰
잠깐만요~
일단 CDK7 저해제는
표적항암제라는 것!
그리고 세포주기라는 말만
기억하시고
쓱싹
쓱싹
천천히 저를 따라와
주시길 바랍니다.

암은 다세포생물의 신체가
태생적으로 가질 수밖에 없는
약점입니다.

다세포생물은
하나의 세포에서 시작하여
분열, 성장, 분화를 반복하면서
일정 시간이 지나면
완전한 성체로 완성됩니다.

체세포는 증식하면서 100퍼센트 완전무결한 복제가 불가능하기 때문에, 수십 년 살다 보면 세포의 유전체는 여기저기에 오류를 누더기처럼 누적하게 됩니다.

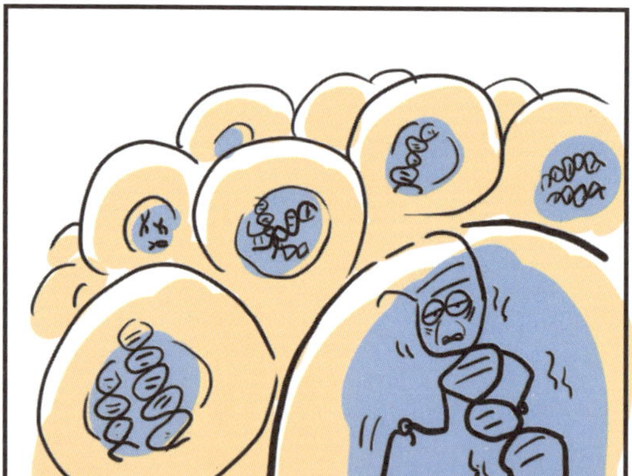

그 결과가 암의 발병입니다.
다세포생물이 치러야 할 대가인 거죠.
Cancer
언제까지 이 수준으로 살아야 합니까.
10억년 전 단세포 생물
다세포생물이 되도록 해주지.
그 대가로 난 너의 생명을 원한다.
크 크
조 선생… 복제가 왜 고따구로 형편없는 거요?

음… 그것이…
사실 세포가 하는 유전체 복제 기술과 유전체 오류 수정 기술은 말도 못 하게 정교합니다.
복제
교정
수선

이걸 아신다면 '고따구'라는 말씀은 못 하실 거예요.
왜 이렇게 공격적이시오. 말하는 게.

우리 몸은 똑똑해서, 세포에 유전체 오류가 누적되어
유전체 불안정성*이 증가하면

보통은 세포가 조용히 제거되는
세포자멸사 과정을 거치게 됩니다.

신체에는 아무런 타격이 없는 조용한 과정이죠.

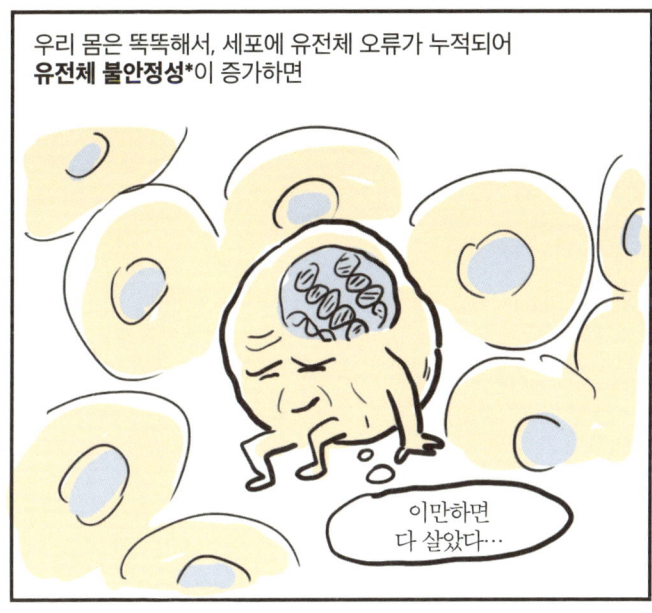

***유전체 불안정성**genomic instability DNA가 돌연변이, 결실 등으로 변화를 겪는 경향.

그런데 오류가 쌓여도
세포자멸사의 운명을 피하는
녀석이 있으니…

그렇습니다. 암…
빌어먹을 암세포입니다.

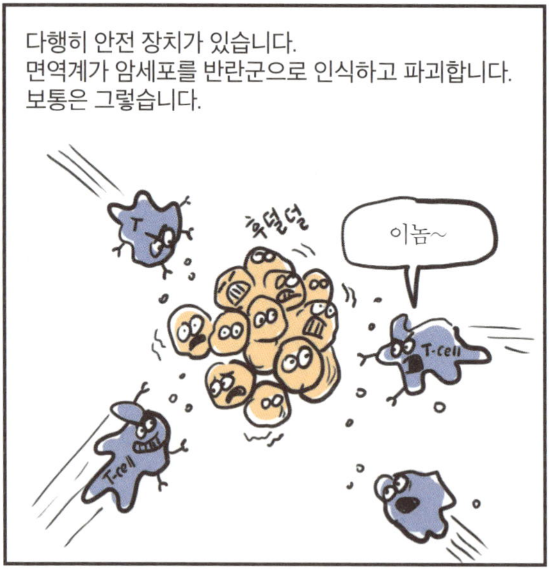

앞서 우리는 암세포가 면역을 회피하는
기막힌 방법을 확인했었죠.

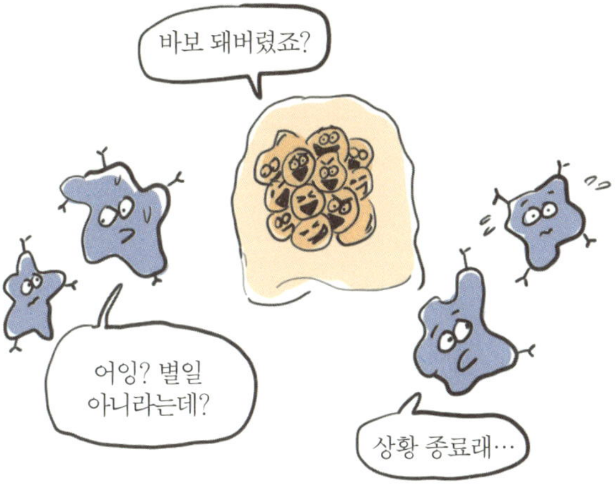

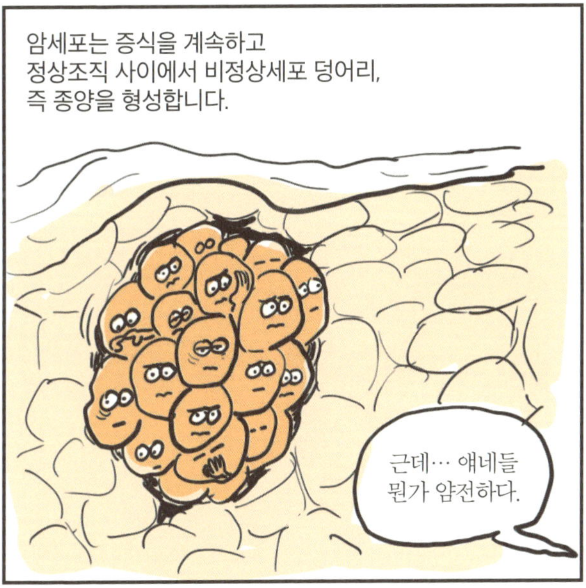

물혹, 결절 등으로 불리는 이 덩어리를
양성종양benign tumor이라고 하는데,
이 정도라면 그래도
큰 문제가 되지 않습니다.

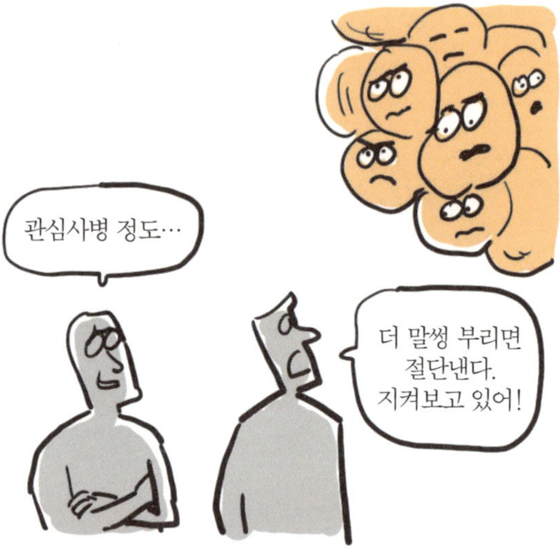
관심사병 정도…
더 말썽 부리면 절단낸다. 지켜보고 있어!

그런데 **악성종양**malignant tumor은
얘기가 다릅니다.
보통 우리가 암이라고 하면 이 녀석을
말합니다.

휴~ 악성종양의 암세포…

정상세포 때처럼
자신의 일을 하지 않는 것은
물론…

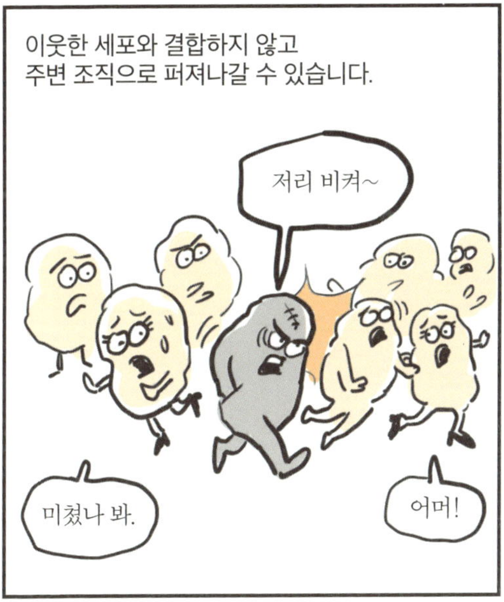

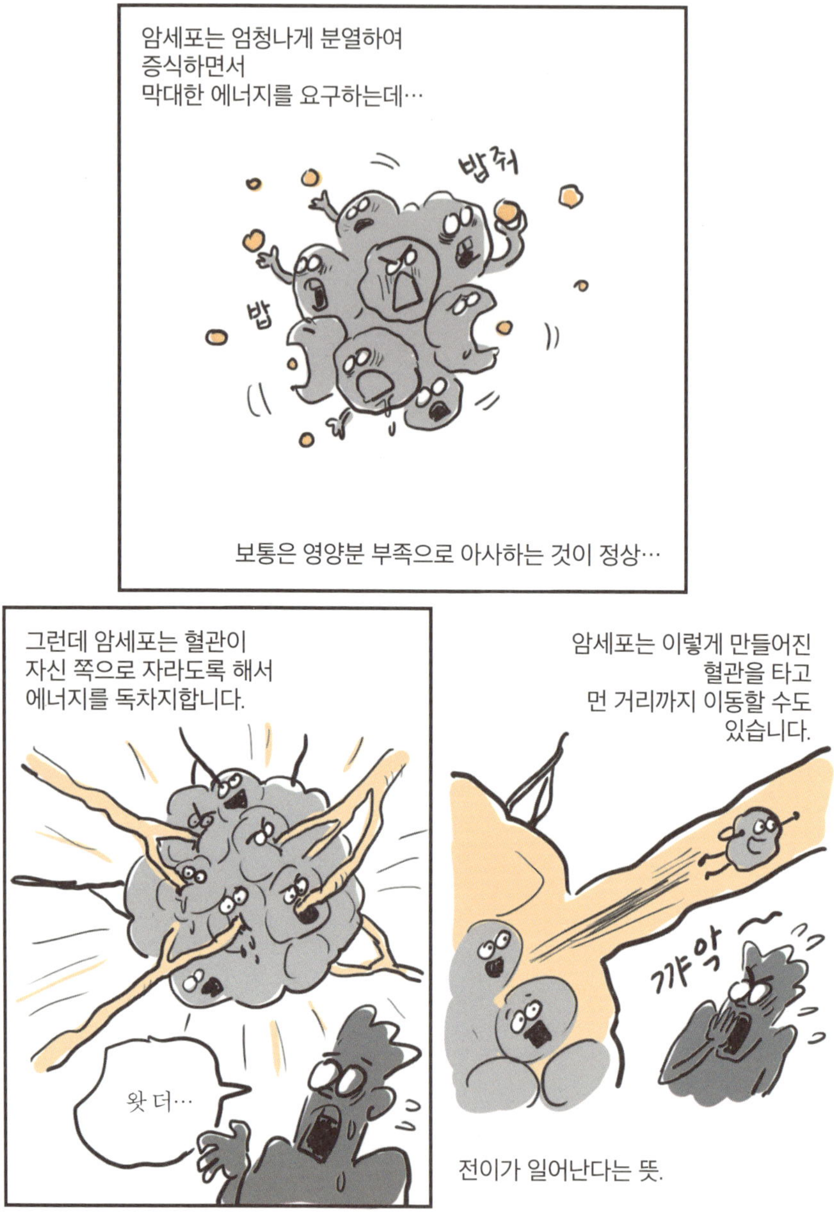
암세포는 엄청나게 분열하여
증식하면서
막대한 에너지를 요구하는데…
밥줘
밥
보통은 영양분 부족으로 아사하는 것이 정상…
그런데 암세포는 혈관이
자신 쪽으로 자라도록 해서
에너지를 독차지합니다.
왔 더…
암세포는 이렇게 만들어진
혈관을 타고
먼 거리까지 이동할 수도
있습니다.
꺄악
전이가 일어난다는 뜻.

원래 신체를 이루는 세포는
극단적인 통제 아래에 있고, 철저한 공리주의를
실현하고 있습니다.
이것이 전체가 사는 유일한 방법입니다.
우린 한배를 탔어.

이런 사회에서 암세포는
반체제 인사입니다.
자유~

자유 같은 소리
하고 있네. 넌 그냥
이기적인…
단세포생물이야.

악성종양을 제거하기 위해
과학자들은 분투합니다.
종양이 한곳에 모여 있다면
방사선을 쐬는 것은
효과가
있습니다.

방사선은 DNA에 손상을 주는데,
암세포는 DNA 손상을
회복하는 능력이
정상세포보다 못합니다.

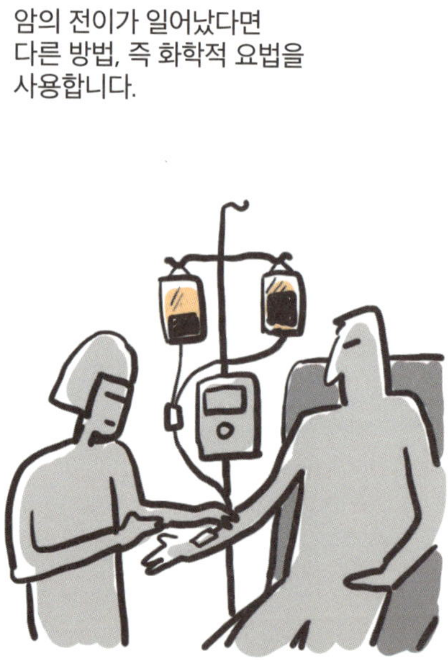
암의 전이가 일어났다면
다른 방법, 즉 화학적 요법을
사용합니다.

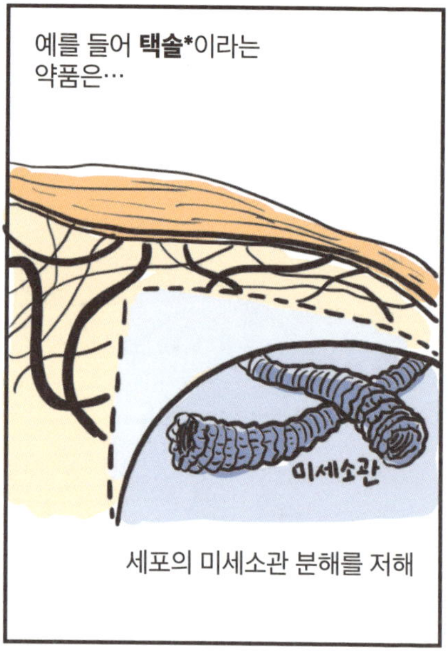
예를 들어 **택솔***이라는
약품은…
미세소관
세포의 미세소관 분해를 저해

***택솔**Taxol 주목 껍질에서 추출한 천연물. 일반 의약품명은 파클리탁셀Paclitaxel이다.

이런 화학항암제의 문제는 다른 정상세포에도 피해를 준다는 것.

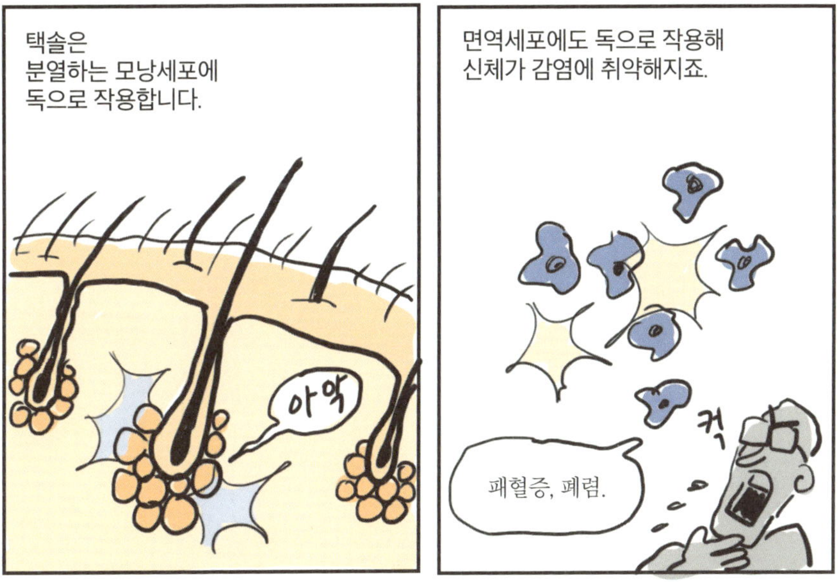

생물의 발생 단계에서는
모든 세포가
분열에 열을 올리지만

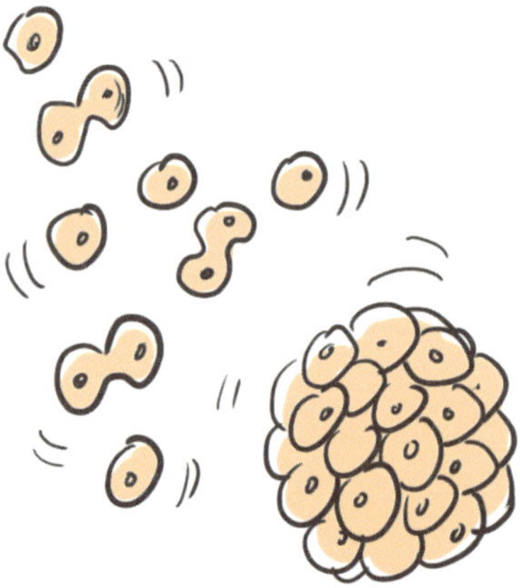

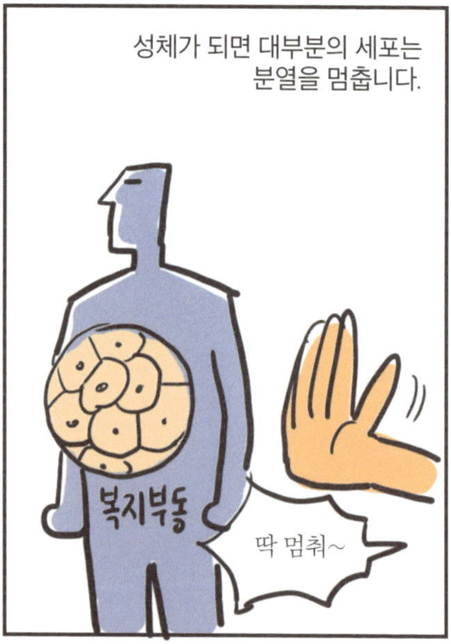

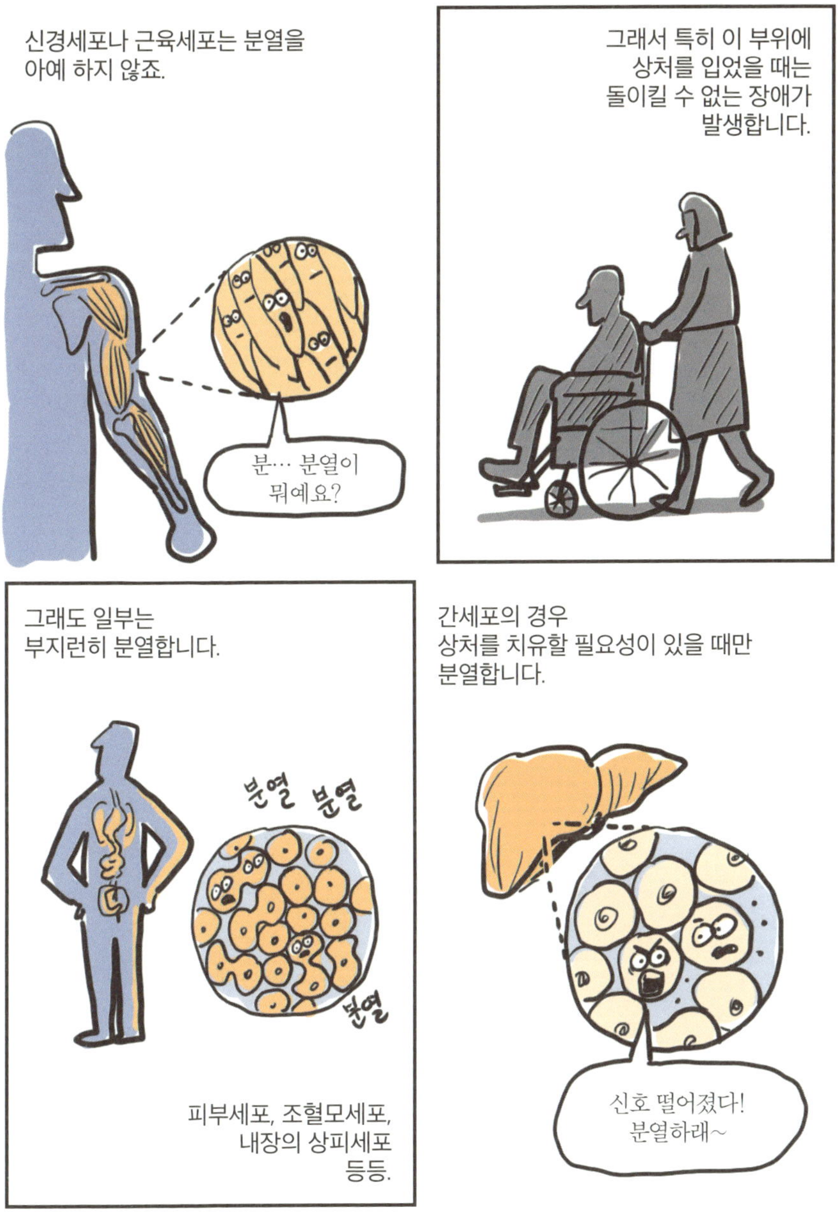
신경세포나 근육세포는 분열을
아예 하지 않죠.
분… 분열이
뭐예요?
그래서 특히 이 부위에
상처를 입었을 때는
돌이킬 수 없는 장애가
발생합니다.
그래도 일부는
부지런히 분열합니다.
분열 분열
분열
피부세포, 조혈모세포,
내장의 상피세포
등등.
간세포의 경우
상처를 치유할 필요성이 있을 때만
분열합니다.
신호 떨어졌다!
분열하래~

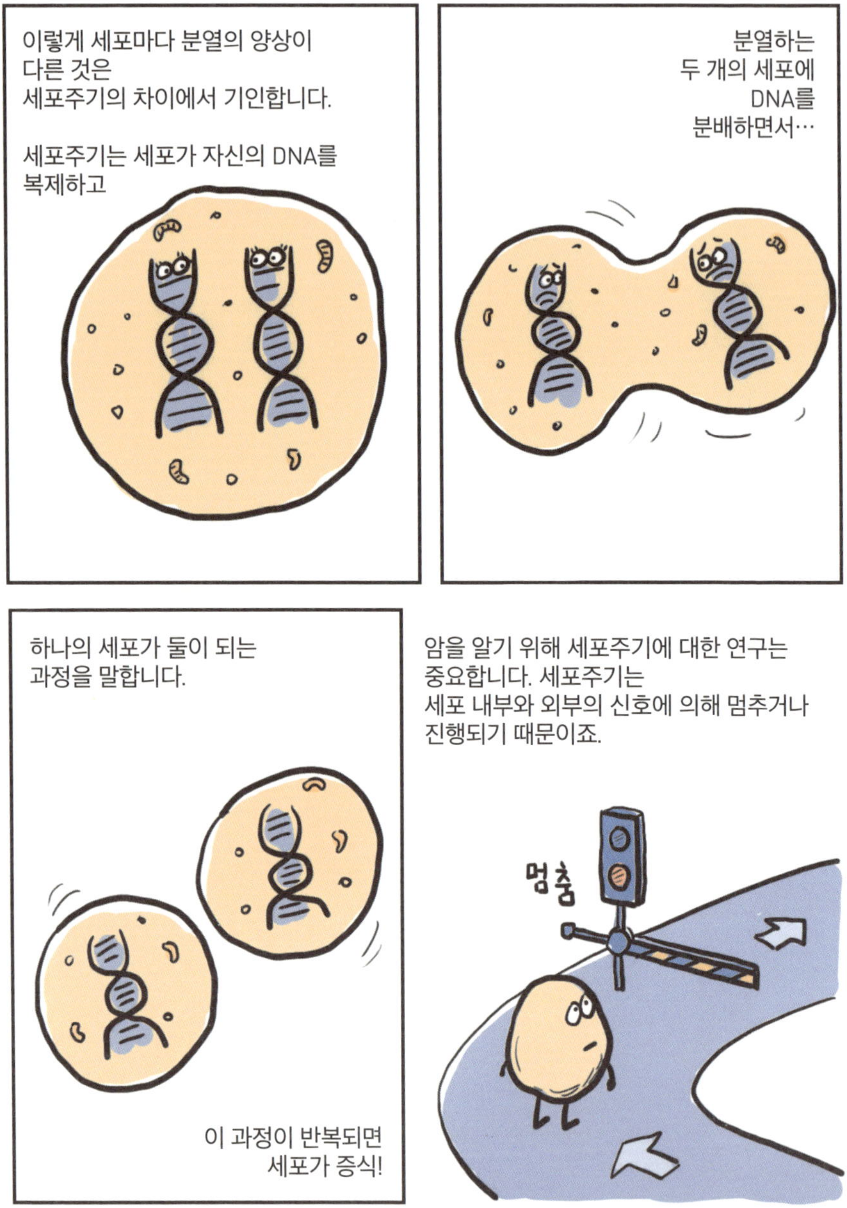
이렇게 세포마다 분열의 양상이
다른 것은
세포주기의 차이에서 기인합니다.
세포주기는 세포가 자신의 DNA를
복제하고
분열하는
두 개의 세포에
DNA를
분배하면서…
하나의 세포가 둘이 되는
과정을 말합니다.
이 과정이 반복되면
세포가 증식!
암을 알기 위해 세포주기에 대한 연구는
중요합니다. 세포주기는
세포 내부와 외부의 신호에 의해 멈추거나
진행되기 때문이죠.
멈춤

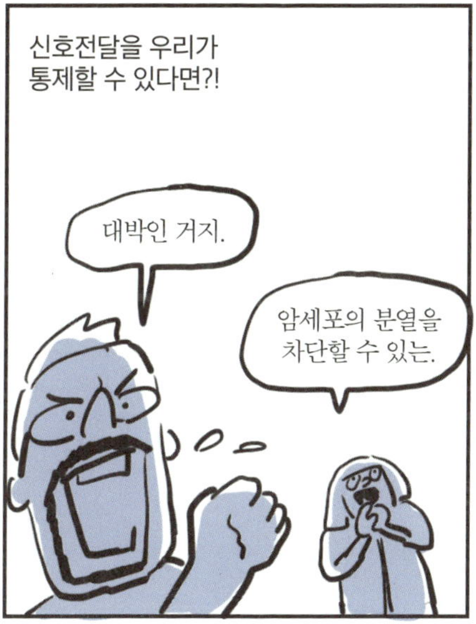

세포주기는 크게 **간기**와 **분열기**로 나뉘는데

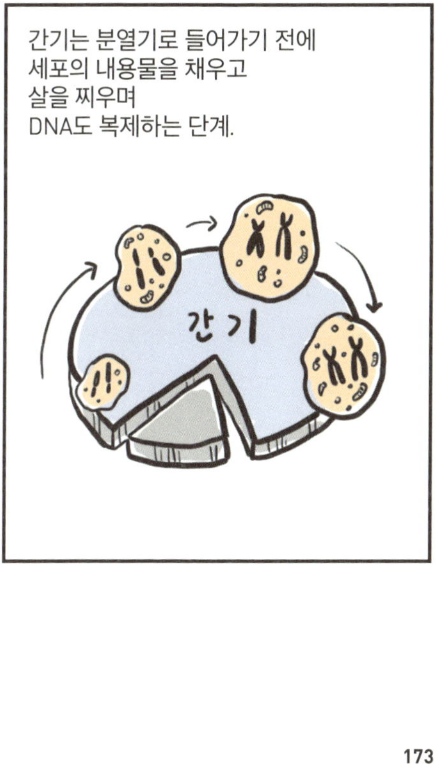

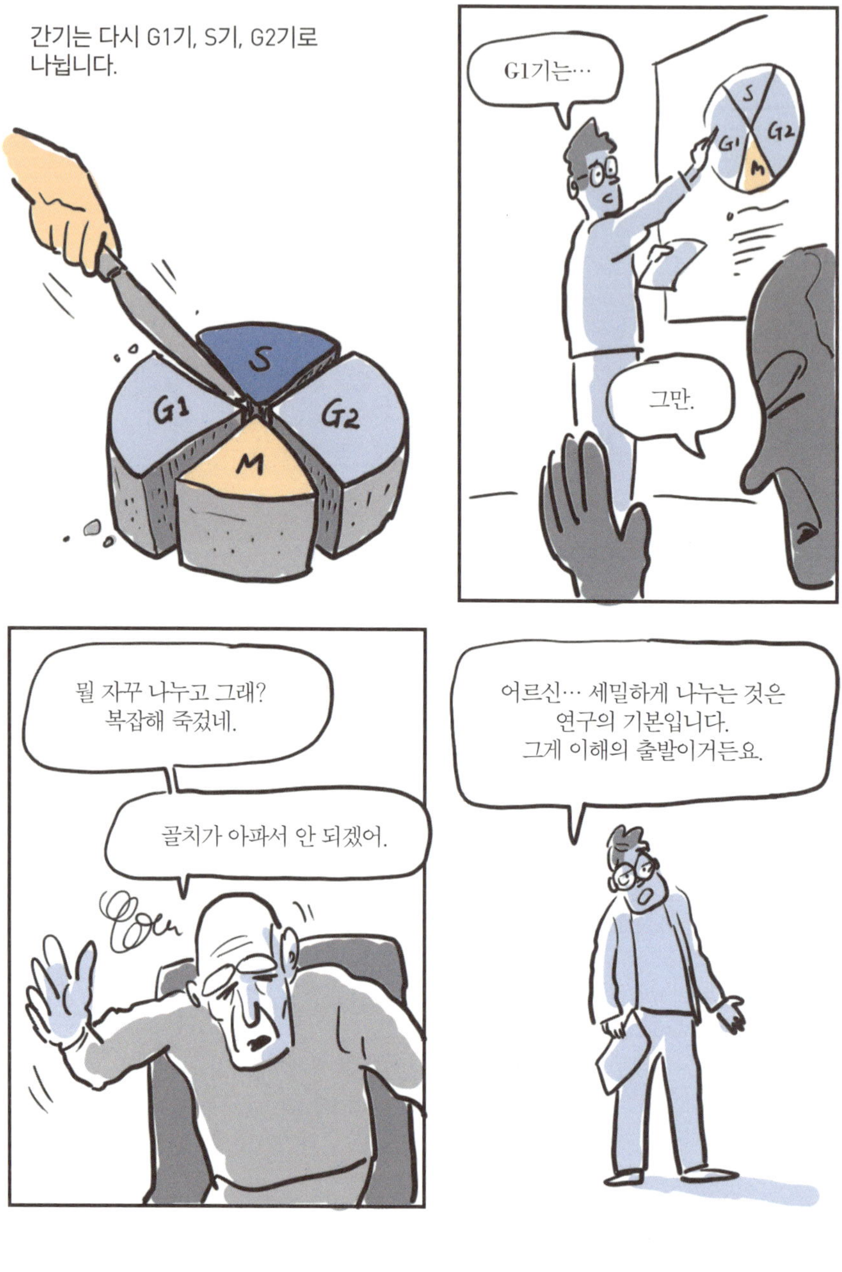
간기는 다시 G1기, S기, G2기로
나뉩니다.
S
G1
G2
M
G1기는…
S
G2
G1
M
그만.
뭘 자꾸 나누고 그래?
복잡해 죽겠네.
골치가 아파서 안 되겠어.
어르신… 세밀하게 나누는 것은
연구의 기본입니다.
그게 이해의 출발이거든요.

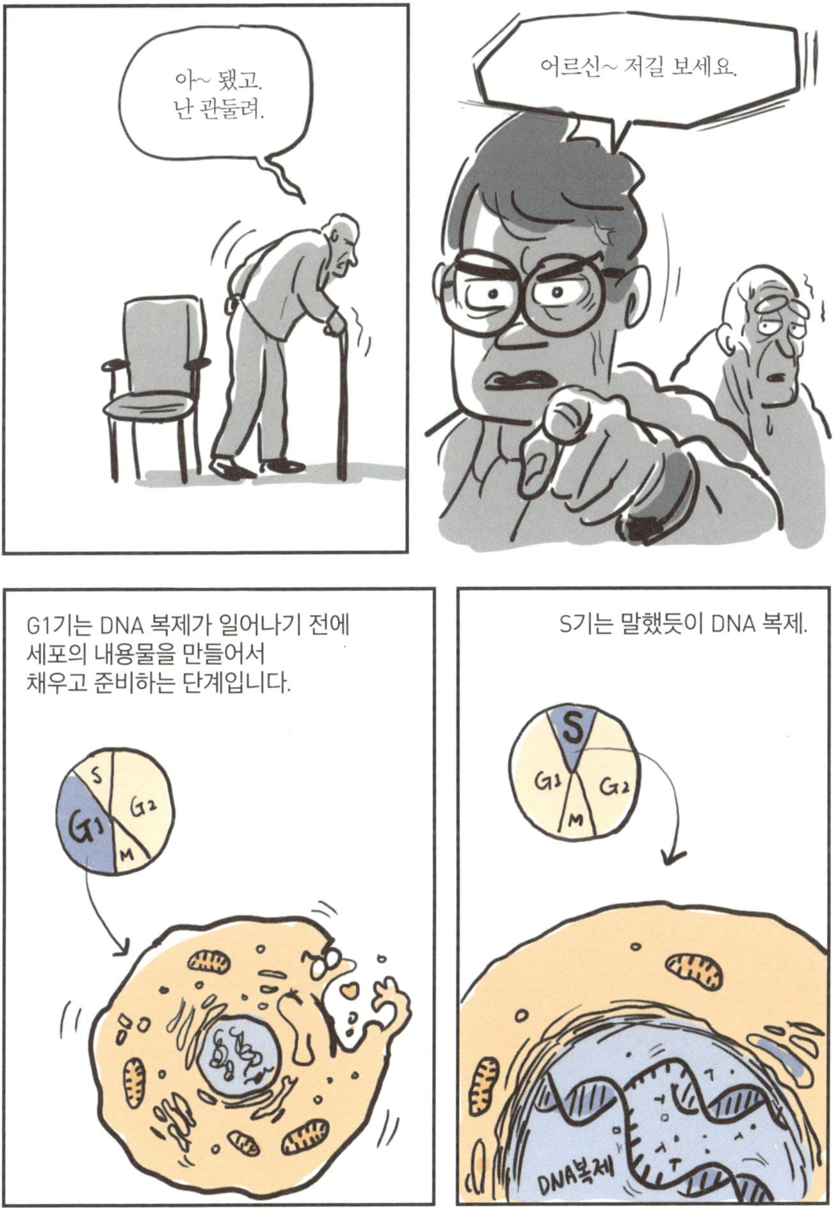
아~ 됐고.
난 관둘려.
어르신~ 저길 보세요.
G1기는 DNA 복제가 일어나기 전에 세포의 내용물을 만들어서 채우고 준비하는 단계입니다.
S
G1
G2
M
S기는 말했듯이 DNA 복제.
S
G1
G2
M
DNA복제

G2기는 DNA 복제 후에 나타난
오류를 수정하고, 분열기로 가기 전에
필요한 것을 준비하는
단계입니다.
S
G1
G2
M
그런데 이 단계들이
그냥 쭉쭉 진행되는 것이
아니거든요.
세밀한 조건들이 완벽하게
충족됐을 때에만…
다음 단계로 넘어가는
기다려.
일종의 **조절시스템**에 의해
작동합니다.
조절시스템?
끄덕

세탁기를 보면요,
'시작' 버튼을 눌러야 작동을
시작하죠.
삑
외부
신호
세포주기도 이처럼
외부의 신호에
의존하기도 하고…
세탁기에는 물이 일정 수준
차는지 감지하고
다음 단계로 진행할지를 결정하는
내부 감지 장치가 있습니다.
삑
삑
물부족
세포주기도 마찬가지로 내부에
진행할지 말지를 결정하는 장치가
있습니다.
분열할까?
아니,
아직이야.

세포주기에는
확인점checkpoint이라는
checkpoint
G1
S
M
G2
'멈춤' 또는 '진행'을 수행하는
지점이 있습니다.

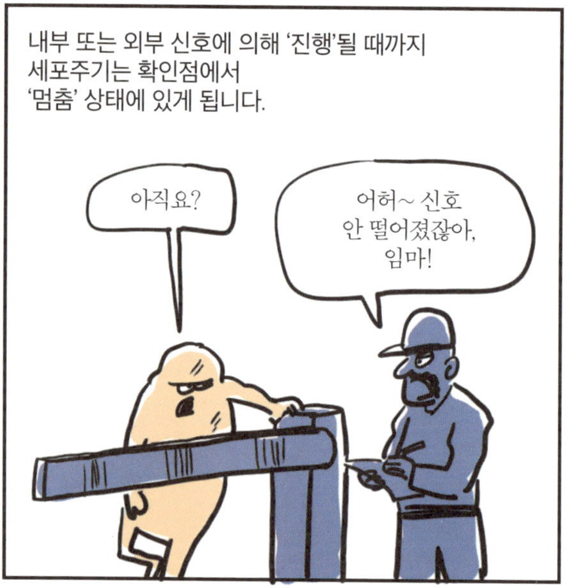
내부 또는 외부 신호에 의해 '진행'될 때까지
세포주기는 확인점에서
'멈춤' 상태에 있게 됩니다.
아직요?
어허~ 신호 안 떨어졌잖아, 임마!

세 가지 중요한 확인점은 G1, G2, M기에 존재하지요.

확인점 중에서 G1 확인점이 상대적으로 중요한데,
이유는 G1 확인점에서 진행 신호가 주어지면 세포는 대개의 경우
G1-S-G2기를 지나 M기까지 일사천리로 진행되어
세포분열을 마치기 때문입니다.

어쨌든 확인점에서 신호가 주어지지 않으면
세포는 절대 분열하지 않아서 많은 경우 이 상태로 고착화되는데,
이를 G0기라고 표현합니다.

우리 몸의 대다수 세포는 G0 상태에 있죠.

***나노머신**nanomachine 나노미터 단위, 즉 1마이크로미터(100만분의 1미터 혹은 1,000분의 1밀리미터)보다도 작은 초소형 기계를 지칭하는 개념.

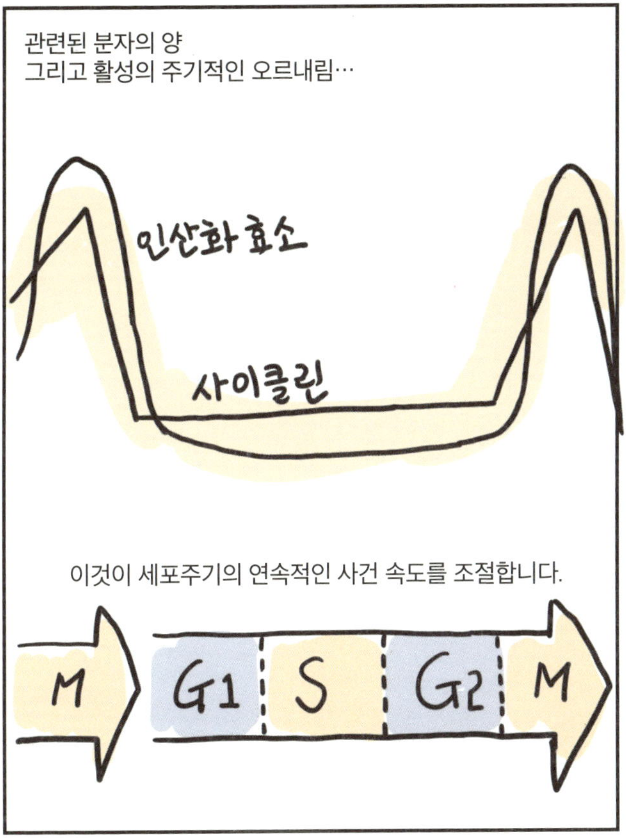
관련된 분자의 양
그리고 활성의 주기적인 오르내림…
인산화효소
사이클린
이것이 세포주기의 연속적인 사건 속도를 조절합니다.
M
G1
S
G2
M

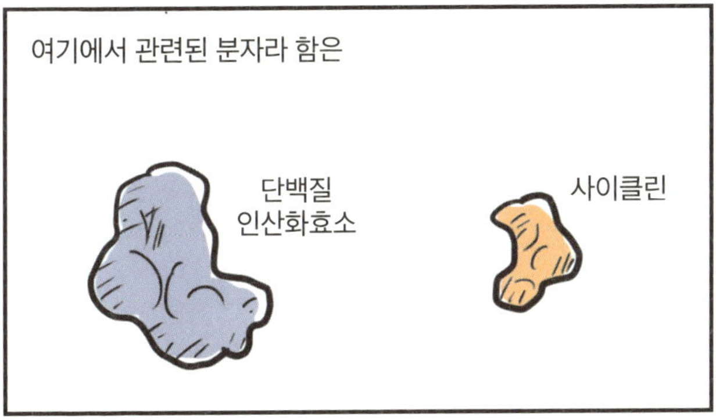
여기에서 관련된 분자라 함은
단백질
인산화효소
사이클린

단백질 인산화효소protein kinase가 무엇이냐…

단백질이 인산화되고 반대로 탈인산화되는 것은
단백질의 활성을 조절하는 데 널리 사용되는
세포 안의 메커니즘입니다.

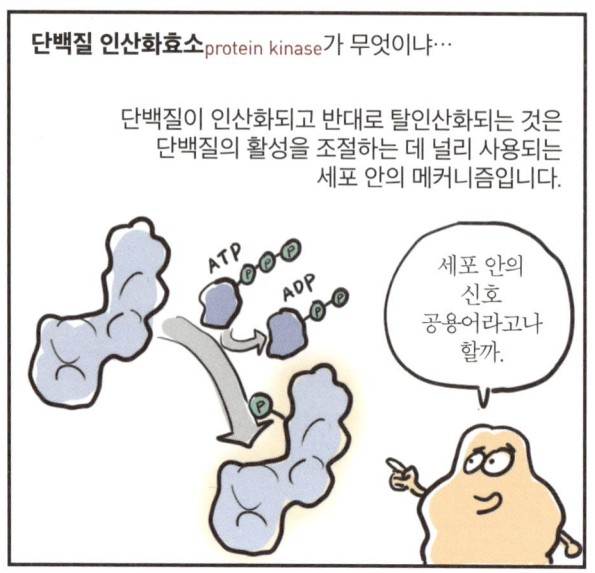

단백질 인산화효소는 인산기를
ATP라는 분자에서 떼어 내
단백질로 옮겨주는 효소를 말합니다.

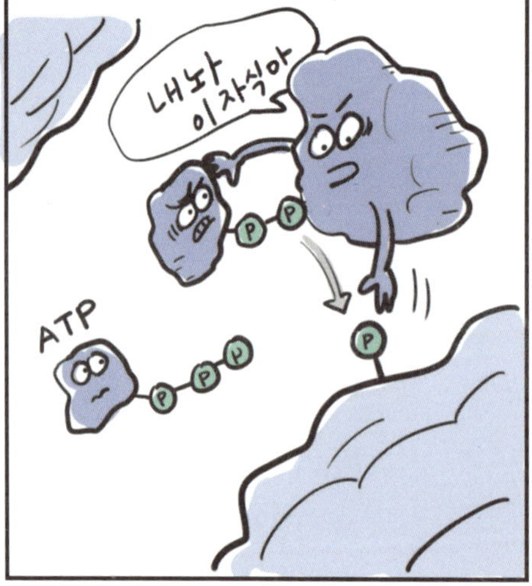

인산기를 떼어다 붙이는 것이
인산화효소가 세포의 신호전달을
중계하는 방식이죠.

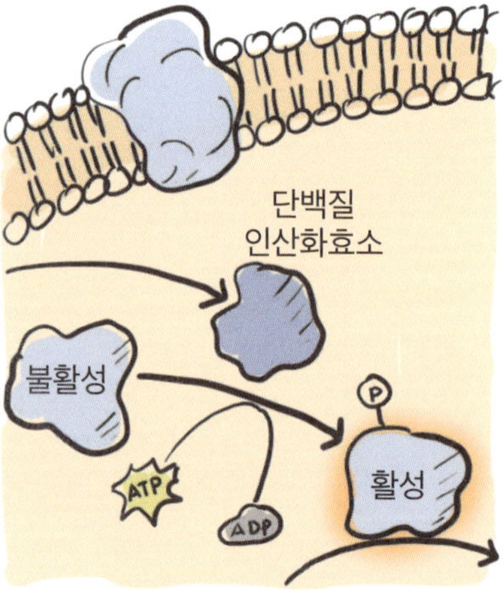

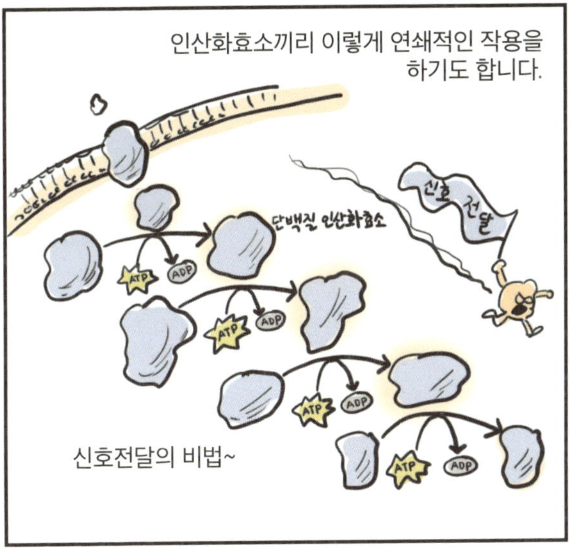

다음으로 **사이클린**cyclin이라는 분자가 있지요.

단백질 인산화효소는
세포 안에서 일정한 양으로
유지되고, 대부분의 시기에는
불활성 상태로 존재합니다.
하지만…

이 말은 사이클린 농도 변화에 따라
단백질 인산화효소의 활성이
좌우된다는 것!

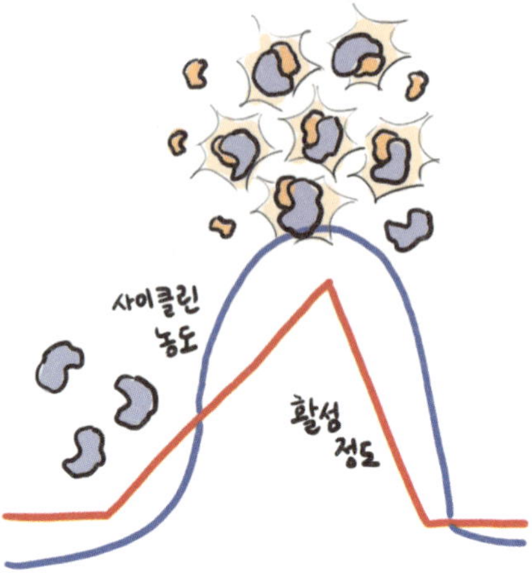

이처럼 사이클린에 의존하는 특성 때문에
사이클린 의존성
인산화효소Cyclin-Dependent Kinase라는
명칭이 붙은 겁니다.

어르신!
어…
어려워~ 죽을 거 같애.

돌아와서…
사이클린이 CDK에 결합할 때 만들어지는
사이클린 CDK 복합체.

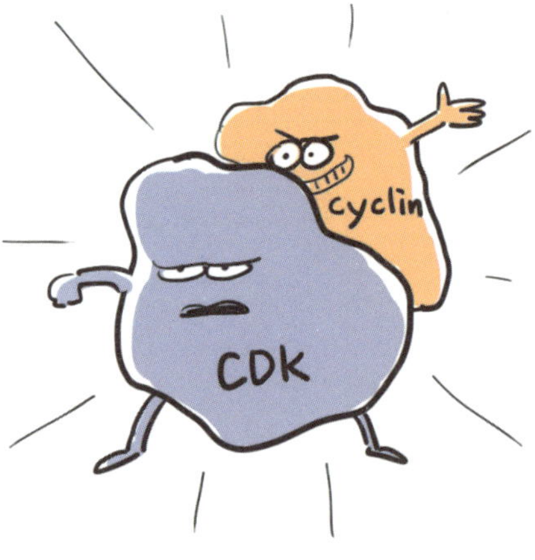

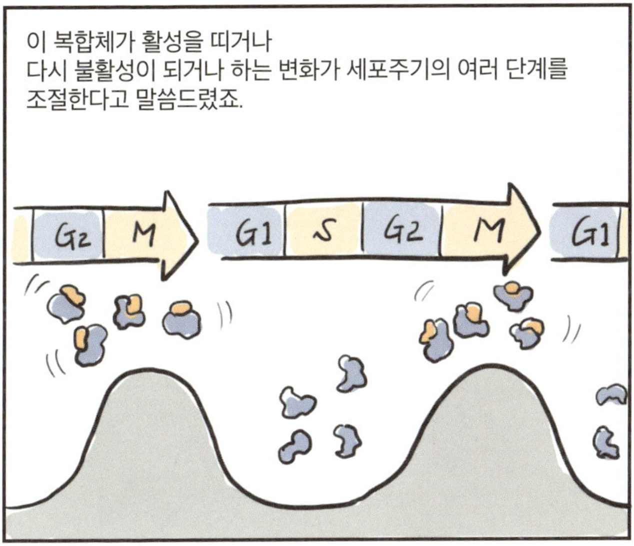
이 복합체가 활성을 띠거나
다시 불활성이 되거나 하는 변화가 세포주기의 여러 단계를
조절한다고 말씀드렸죠.
G2
M
G1
S
G2
M
G1

그럼… 사이클린 CDK 복합체의 활성 변화가
구체적으로 어떻게 세포주기를 제어하는가…

이것이
문제인 거죠.

솔직히 여기부턴
딥~하게 들어가야 합니다.
꺅

세포주기가 조절되는 것을 포함해서
세포의 모든 작용은…

DNA 그리고 수많은 단백질의 상호작용으로 이루어집니다.

DNA와 단백질의 상호작용은 컴퓨터의 알고리즘과
닮은 구석이 있습니다.

입력이 있고
연산을 거쳐 출력되는 값이 있지요.
입력
출력

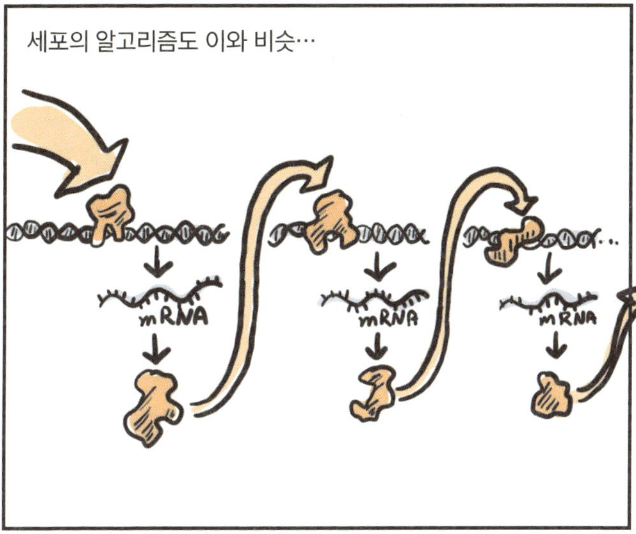
세포의 알고리즘도 이와 비슷…
mRNA
mRNA
mRNA

CDK 같은 조절유전자가 발현되면
여러 과정을 거쳐…
또 다른 유전자를 발현할 수도 있습니다.

이렇게 발현된 유전자는
역시 또 다른 유전자를 발현하는
원인이 될 수 있고요.

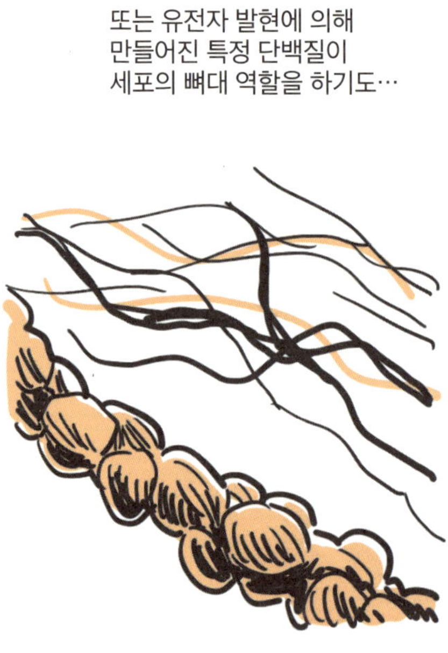
또는 유전자 발현에 의해
만들어진 특정 단백질이
세포의 뼈대 역할을 하기도…

다른 단백질은 효소로 작용하여
세포 내 신호전달과 관련된 역할을
할 수도 있습니다.

사이클린에 의해 활성화된
어떤 CDK는
전사 개시에 참여하기도 합니다.

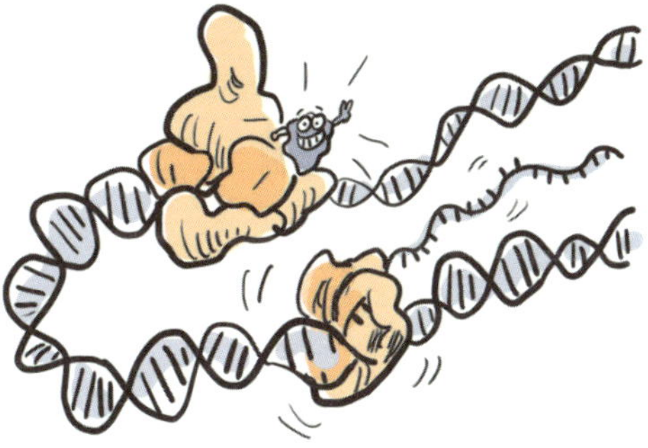

전사*는 DNA를 원본으로 RNA 복사본을 만드는
유전자 발현의 초기 과정.

다른 종류의 CDK는
특정 인산화효소를 활성화하고

활성화 후에 여러 차례의
신호 릴레이를 거쳐
세포분열에 필요한
핵막**의 분해를 유도하죠.

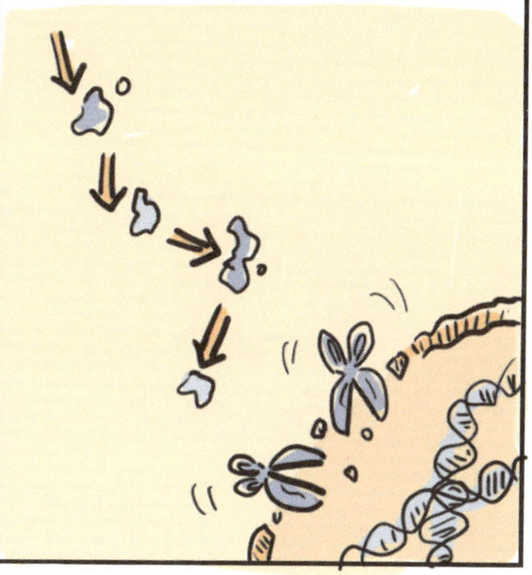

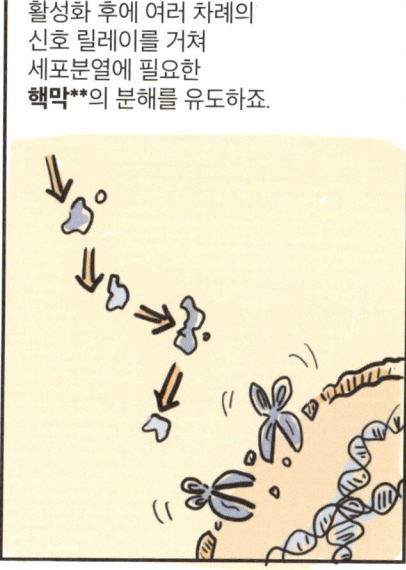

***전사**transcription, **번역**translation 전사는 DNA를 주형으로 RNA가 합성되는 과정이며, 번역은 DNA로부터 전사된 mRNA의 염기서열을 단백질의 아미노산 배열로 바꾸는 과정, 즉 단백질 합성 단계다. 개체의 성장과 세포분열, 다양한 세포 활동 등을 위해 전사·번역 과정은 필수적이다. ****핵막**nuclear envelope 진핵생물 세포핵을 둘러싸고 있는 이중의 막. 핵 내부에는 DNA와 각종 단백질이 존재하며, 핵막의 작은 구멍들을 통해 유전 물질이 이동할 수 있다. 세포분열 간기에 핵막은 유지되고, 분열기가 되면 소실됐다가 다시 복구된다.

또 다른 CDK는 방추체 형성에 필요한 분자적 과정에 간접적인 영향을 줄 수 있습니다.

방추체
설명이 부족하다고요? 제대로 설명하면 후회하실걸요? 적당히 여기까지.

CDK라는 이름을 가진 녀석들은

관련되어 있다는 거.

인간에게는 지금까지
무려 20여 종의
CDK가 발견됐어요.

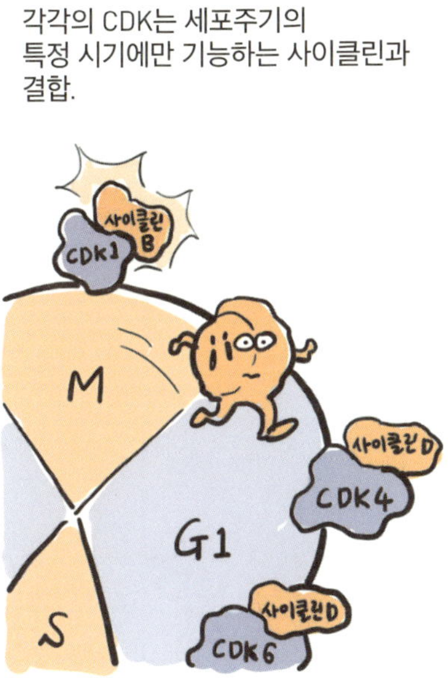
각각의 CDK는 세포주기의
특정 시기에만 기능하는 사이클린과
결합.
사이클린 B
CDK1
M
G1
S
사이클린 D
CDK4
사이클린D
CDK6

활성화되어 다양한 방식으로
세포주기를 조절하지요.
DNA 복제
준비됐어?
거의…
90프로 정도.

세포 안의 DNA, 단백질
그 외 다양한 분자의 환상적인 네트워크,
완벽한 팀플레이…
이걸 추적하는 것이 오늘날의 최첨단 생물학…

문제는… 너무너무 복잡하다는 거.
이런 일 하는 사람들 죽어나겠죠. 그쵸?

과학자가 가져야 할 덕목은 인내와 성실입니다. 똑똑할 필요도 없어요.
무슨 소리야, 그래도 똑똑해야지.

암 연구자들은 세포주기와 관련된
세포의 신호전달 경로에 집중했습니다.

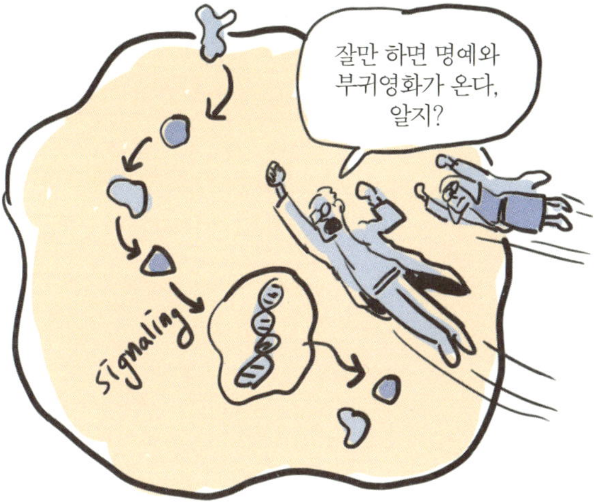
잘만 하면 명예와
부귀영화가 온다,
알지?
Signaling

세포 신호전달에 이상이 생겼을 때
세포주기에
어떤 영향을 미치는가.
error
S
G2
G1
M

세포주기에 변화가 생겼을 때
이것은 암 발생에
얼마나 기여하는가.
S
G2
G1
M
Tumor

암세포는 세포주기를 조절하는
세포 안팎의 신호에
정상적으로 반응하지 않는
녀석입니다.
삐리 삐리
신호 따위~
어떤 암세포는 외부의 신호,
즉 성장인자 같은 것이 전혀 없음에도
분열을 멈추지 않습니다.
야~ 미쳤어?
신호 안 떨어졌잖아.
야~~
신호전달 경로 어딘가에
문제가 생긴 것이죠.
error
삐뚤어질
테다.
기계라면 어딘가 나사가 빠졌든가
하는 문제겠지만
세포에서는 단백질의 기능을 바꾸는
유전자 변이가 주범입니다.

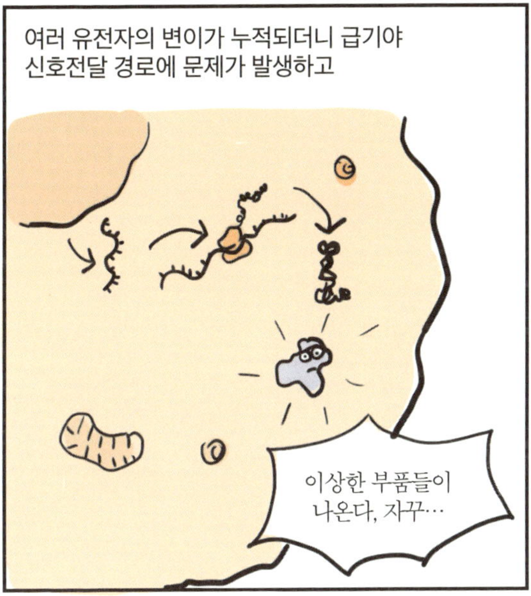
여러 유전자의 변이가 누적되더니 급기야
신호전달 경로에 문제가 발생하고
이상한 부품들이 나온다, 자꾸…

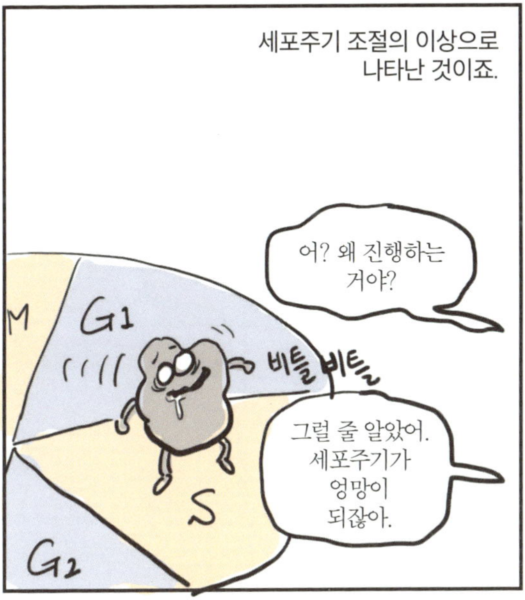
세포주기 조절의 이상으로
나타난 것이죠.
어? 왜 진행하는 거야?
M
G1
비틀비틀
S
G2
그럴 줄 알았어. 세포주기가 엉망이 되잖아.

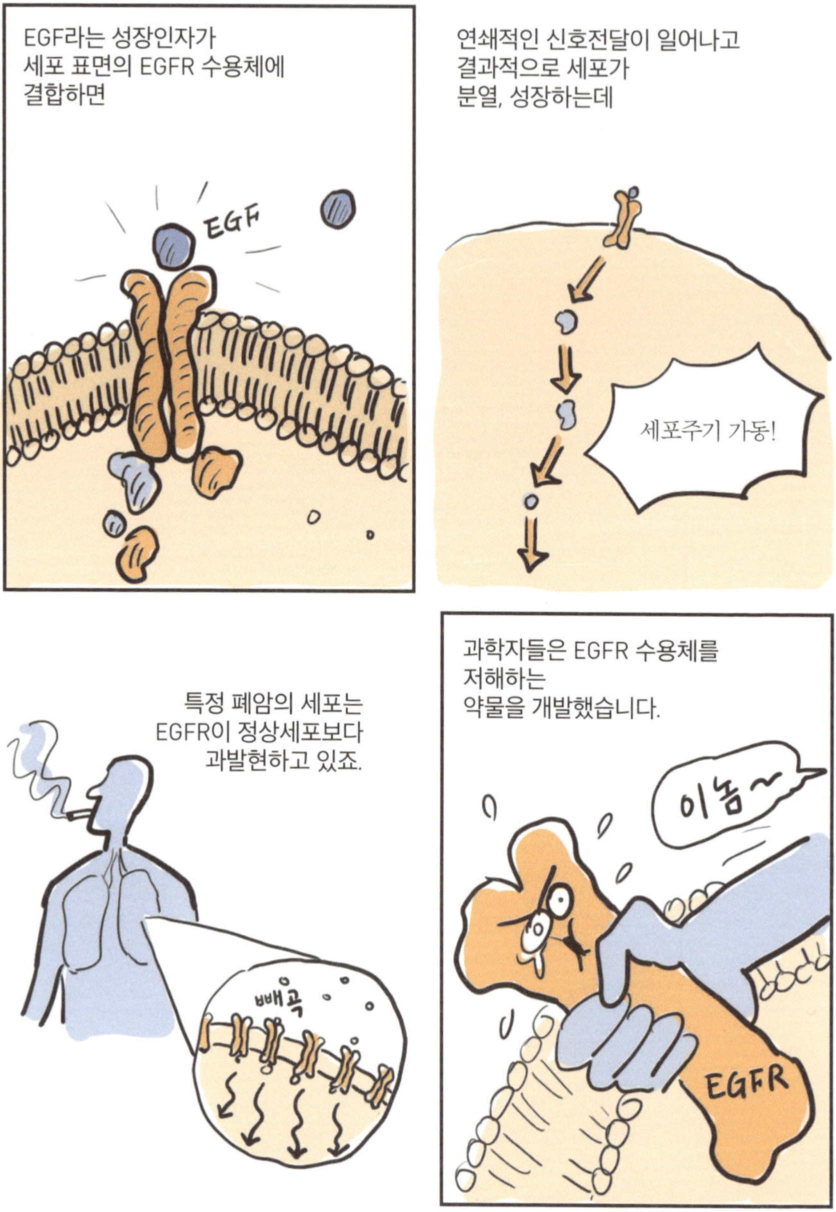
EGF라는 성장인자가
세포 표면의 EGFR 수용체에
결합하면
EGF
연쇄적인 신호전달이 일어나고
결과적으로 세포가
분열, 성장하는데
세포주기 가동!
특정 폐암의 세포는
EGFR이 정상세포보다
과발현하고 있죠.
빼곡
과학자들은 EGFR 수용체를
저해하는
약물을 개발했습니다.
이놈~
EGFR

결과는 상당히 성공적!
세포주기가 돌아가기 전,
애초에 신호 자체를 차단한 예라고
할 수 있습니다.
싹둑
이렇게 콕 집어서
타깃을 공략하는 항암제가
표적항암제인 거죠.
표적항암제 중에 세포주기와 직접적인
연관이 있는 CDK를
타깃으로 삼는 것이 있습니다.
CDK

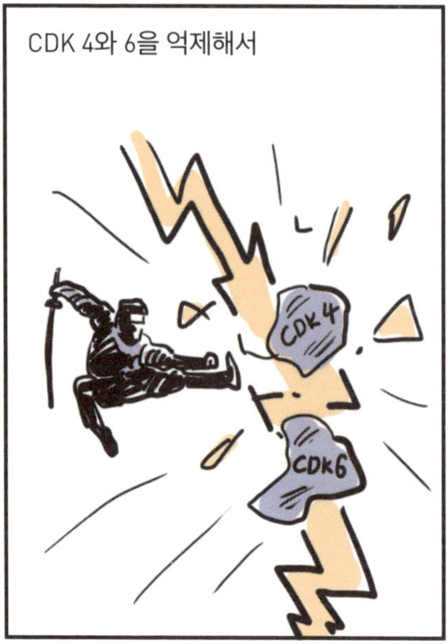

유방암 치료에 효능을 보이는 등…

CDK 저해제의 가능성을 보여줍니다.

표적항암제는 매력적입니다.
정상세포의 피해를 최소화하고 암세포만을 죽이니까요.
난 팰 놈만 패지~
퍽
퍽
표적항암제라… 대단히 좋죠. 이상적입니다.
그러나~
적용 가능한 암종의 수가 적고, 내성을 가진 암세포가 나오기 마련이라…
금방 무용지물이 되기 일쑤.

표적항암제 개발이 난해한 근본적 이유는요.
공격해야 할 적이 획일적이지 않다는 것입니다.
적이 획일적이면 얼마나 좋겠어요.
무기 하나만 잘 만들어서 다 때려 부수면 되는 거죠.

너무나 다양한 모습의 적이 존재하고, 시간이 흐르면서 다양함 자체도 변화한다는 것이 문제…
무섭지!
캬오~

무기를 준비해야 하는 입장에서는
여간 곤혹스러운 일이 아니지요.
근데
누구세요?
아~ 불쑥 들이와서 놀라셨나요?
선생님이 우리 약을 얘기하길래
불쑥 들어왔습니다. 반가워서.
이제 CDK7 저해제에 대해서 자세히 알려드릴게요.
대단한 잠재력을 가진 물질이에요.
따라오시죠.

세포주기를 조절하는 CDK의 존재를 발견했을 때
과학자들은 이것이 항암제 개발의 실마리라는 것을
단번에 알아차렸습니다.

효능이 있는지 실험에 착수…

역시나 CDK 저해제는 암세포뿐만 아니라 정상세포에까지 작용해서 독성이 높았지요.
이래서야 약이라고 할 수 없어.
거봐요, 안 될 거라고 했잖습니까.
일단 해본 거지. 우리 일은 이렇게 접근하는 거라고! 알면서 왜 그래?
빌어먹을… 여러 CDK를 저해하기 때문에, 약이 어느 부분에서 작용하는지조차 모르겠군…
표적의 범위를 좁혀야 합니다.

과학자들은 CDK1, CDK2,
CDK4… 등 개별적인 CDK만을
타깃으로 하는,
즉 선택성이 높은 약을 개발하기
시작했습니다.

더불어서 각각의 CDK가
세포주기의 어떤 시기에
활성화되고

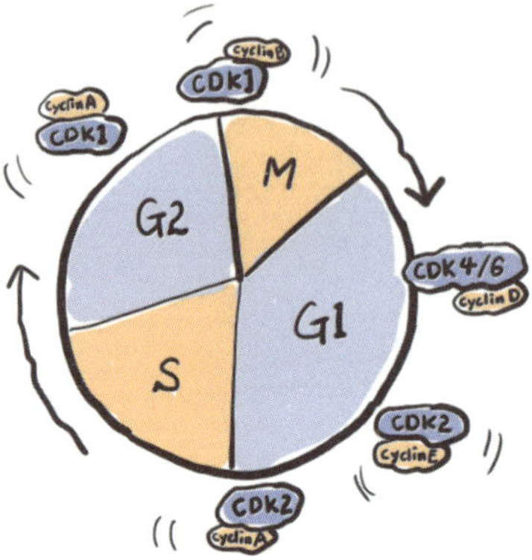

어떤 기질에 어떤 방식으로
작용하는지…
연구가 한층 확장됩니다.

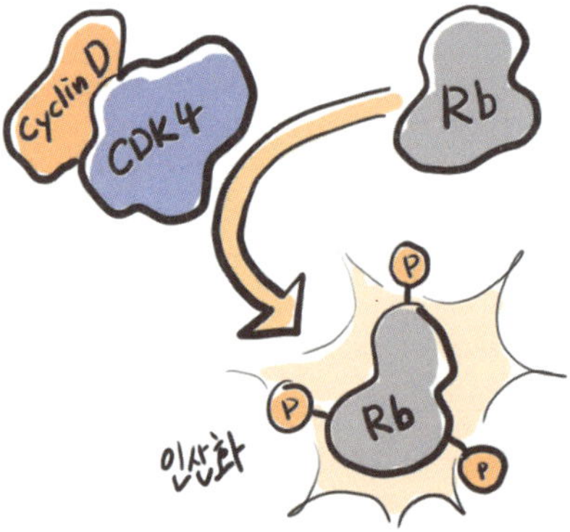

연구 결과 CDK1, CDK2, CDK4,
CDK6 등은
세포주기에 직접 작용하고

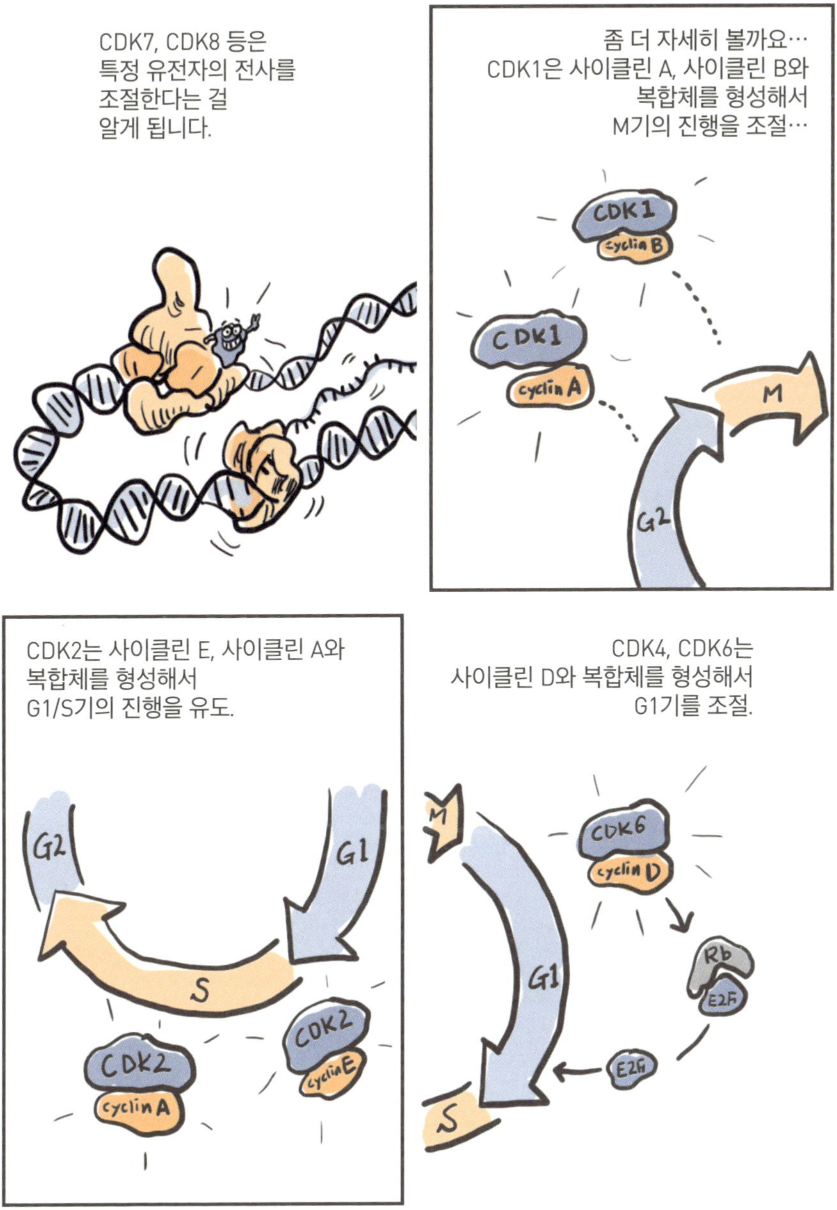
CDK7, CDK8 등은
특정 유전자의 전사를
조절한다는 걸
알게 됩니다.
좀 더 자세히 볼까요…
CDK1은 사이클린 A, 사이클린 B와
복합체를 형성해서
M기의 진행을 조절…
CDK1
cyclin B
CDK1
cyclin A
M
G2
CDK2는 사이클린 E, 사이클린 A와
복합체를 형성해서
G1/S기의 진행을 유도.
G2
G1
S
CDK2
cyclin A
CDK2
cyclin E
CDK4, CDK6는
사이클린 D와 복합체를 형성해서
G1기를 조절.
M
CDK6
cyclin D
Rb
E2F
G1
E2F
S

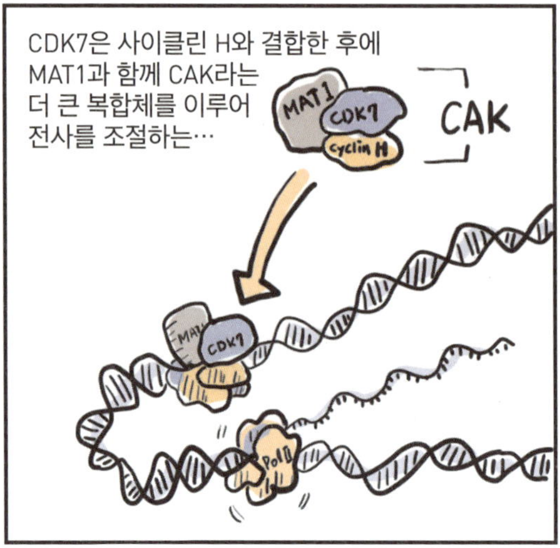
CDK7은 사이클린 H와 결합한 후에
MAT1과 함께 CAK라는
더 큰 복합체를 이루어
전사를 조절하는…
MAT1
CDK7
cyclin H
CAK
CDK7

하지 마~
퍽

못 참겠어!

들어봐야
기억도 못 혀~
그만…하려고…
했어요.
과학자들은 개별적인 CDK를
선택적으로 저해하는
약을 개발하는 데
최선을 다했습니다.
쉬운 일이
아니거든요.
특정 CDK에 고도로 선택적인
약을 개발하는 것부터가
큰 난관.
생화학 지식으로 무장 and…
장님 코끼리 만지기.

해당 CDK를 저해하는 방식이 딱 한 가지만 있는 것도 아니고요.

만들어진 저해제가 효능이 있는지…
수많은 검증, 귀납적 방식으로
확인할 수밖에 없죠.

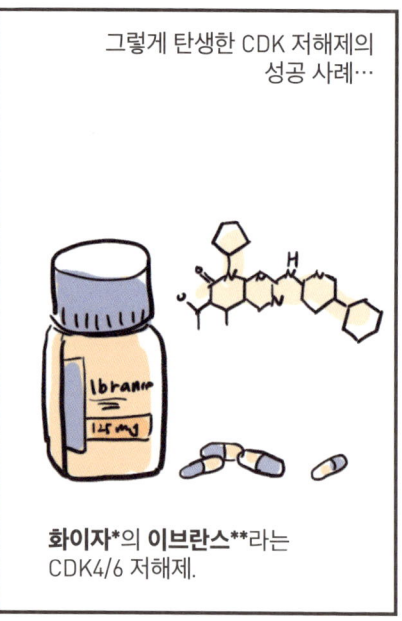

그렇게 탄생한 CDK 저해제의
성공 사례…

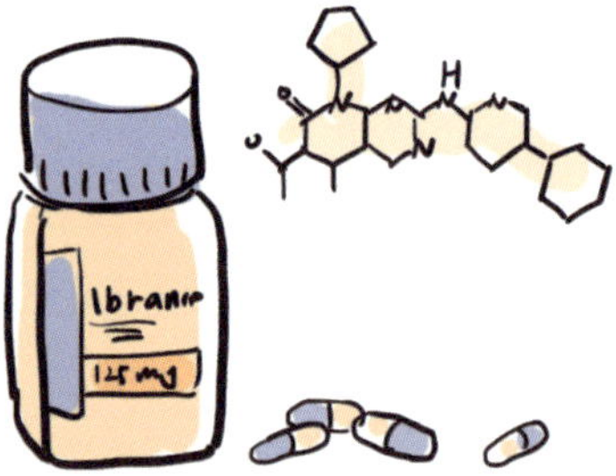

화이자*의 **이브란스****라는
CDK4/6 저해제.

***화이자**Pfizer Inc 찰스 화이자Charles Pfizer, 1824~1906와 찰스 에르하트Charles F. Erhart, 1821~1891가 1849년에 설립한 미국의 글로벌 제약 회사.
****이브란스**Ibrance(**팔보시클립**Palbociclib) 화이자의 전이성 유방암 치료제.

CDK4/6 저해제는 세포주기 진행을 멈추고 DNA 합성과 관련된 유전자 발현을 억제하는 효과를 보였습니다.

호르몬 수용체 양성 유방암으로 분류되는, 전체 유방암 환자의 70퍼센트에 해당하는 유방암에 확실한 효과를 보여주게 됩니다.

성공에 고무되어 CDK 저해제 개발에
다시 훈풍이 불게 됩니다.
CDK
CDK~

만일 다른 CDK 저해제가
재차 만들어질 수 있다면
CDK4/6 저해제에 내성을 보이는 환자에게
훌륭한 대안이 될 것이 확실~
기회다~ 기회~

효과적인 CDK 저해제를 만드는 것은
결코 녹록지 않은 과제입니다.
개발한 CDK 저해제가
실험실에서는 효과를 보일지라도…

임상을 해보면 항암 효과에
실망할 때가 많죠.
의약품이 세상에 나오기까지
무수히 겪는 일입니다.
아니라고 말해.

어떡해…
얼마를 쏟아부었는데…

어떡할 거야, 어떡할 거냐고~

CDK7을 굉장히 선택적으로 억제해서,
세포분열 주기가 망가진 암세포를 제거합니다.

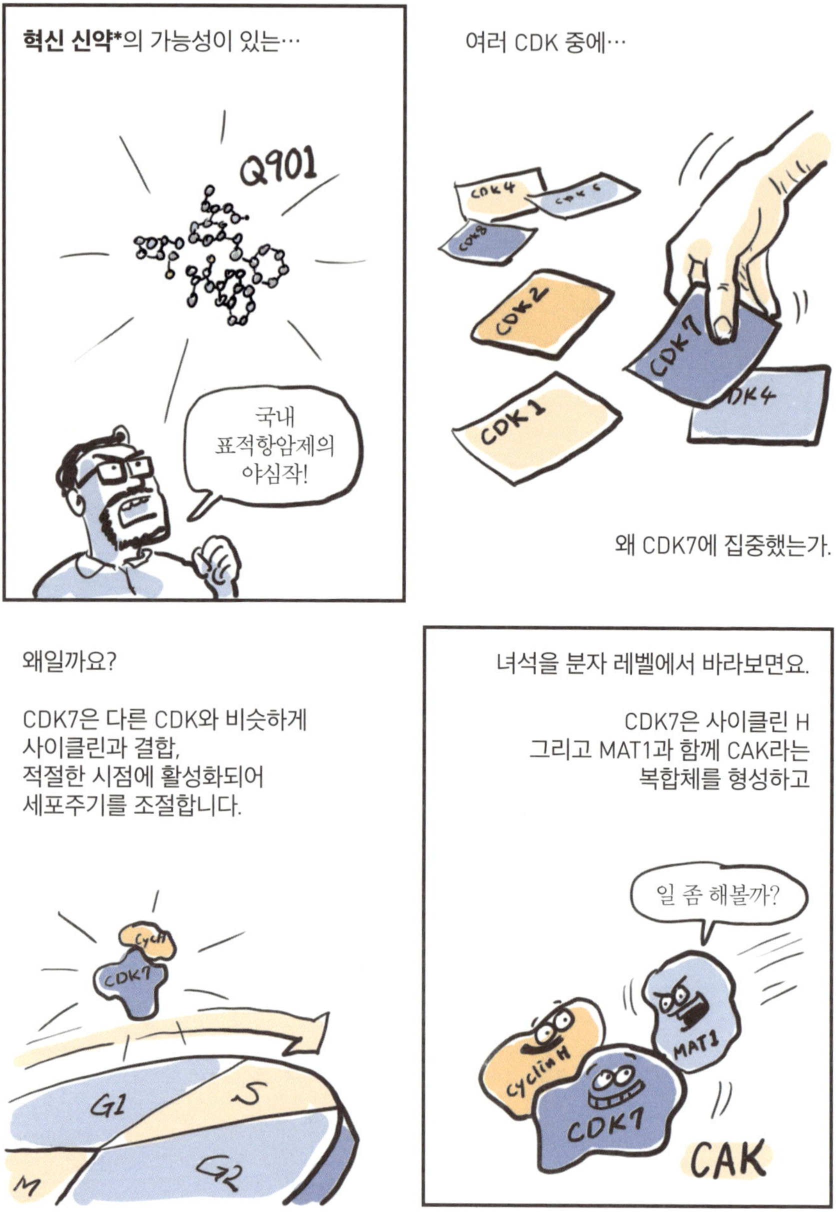

***혁신 신약**First-in-Class 특정 질환을 치료하기 위해 완전히 새로운 기전을 사용하는 약물. 비임상 자료를 통해 신약이 혁신 신약 수준으로 뛰어나면 미국 식품의약국Food and Drug Administration, FDA의 패스트트랙Fast Track 지정을 받아 도움을 받을 수 있다. 지원 제도 중에는 임상시험 2상 후 가속승인Accelerated Approval, AA, 임상시험 3상 이후 우선심사Priority Review, PR 신청이 포함된다. 임상 자료가 우수하면 FDA를 통한 혁신치료제 지정Breakthrough Therapy, BTD으로 이어질 수 있다.

이러한 CAK는 전사인자 **TFIIH***의 일원이 되고

TFIIH는 전사 개시와 관련이 있으니

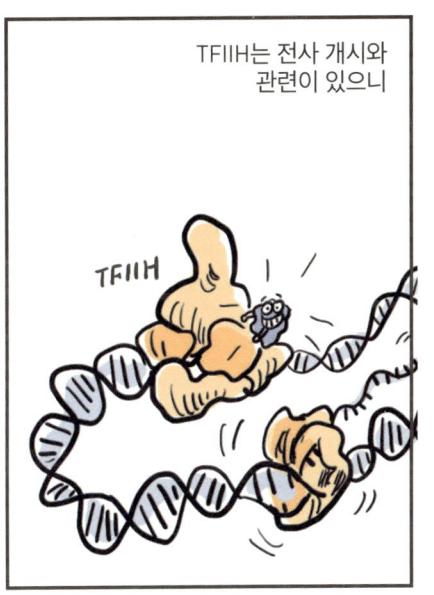

CDK7은 분명히 전사 조절에 관여하고 있는 것이죠.

복잡하고 어려운 내용이죠. 다른 유전자의 발현을 조절하는 모종의 역할을 하고 있다고 보시면 됩니다.

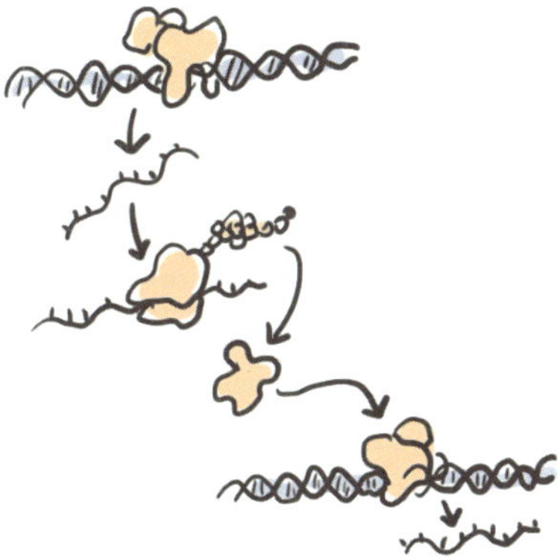

***TFIIH**Transcription Factor II H 전사가 시작되려면 수많은 단백질이 관여해야 하는데, 그중에 보편전사인자general transcription factors 그룹이 있고 TFIIH도 여기에 포함된다.

세포주기 곳곳에는 진행 여부를 결정하는 CDK가 존재한다는 것 앞서 알려드렸죠?

끝나지 않았죠. CDK1의 인산화라는
허가가 떨어져야만 G2에서 M기, 즉 세포분열을
완성하는 단계로 진입할 수 있습니다.
고생한다. 거의 다 왔어.
G2
M
이렇게 보면 막강한 권력을 가진
CDK 수문장들인데…
CDK4
CDK6
CDK1
CDK2
과학자들이 밝힌 바는
이런 어마무시한 CDK들도
뭔가의 허락하에
일한다는 것.
아그들아.
혀.. 형님

앞서 얘기했듯이 CDK7이 포함된 CAK 복합체는 전사 조절에 관여하는데, 이러한 활동이 CDK1, CDK2, CDK4, CDK6 같은 세포주기 수문장의 활동을 조절하는 것이었습니다.

CDK7에 집중한 이유,
이제 아시겠죠?
될 것 같아요,
간달프~
CDK7 저해제는
암세포의 세포주기 진행을 확실히
억제할 수 있을 거예요.
CDK7 저해제의 효과는 하위의
CDK1, 2, 4 등을 죄다 억제하는
효과를 거둘 것이고…
CDK7
CDK4
CDK1
CDK2
그런데 CDK7을 타깃으로 해서
억제한다는 건 효과를 기대할 수 있는
일인 동시에, 위험한 시도이기도
합니다.
프로도,
얼마나 어려운 일인지
알고 있나?

CDK7의 전사 조절 기능으로 인해 자칫 그 효과가
광범위하고 치명적일 수 있기 때문입니다.

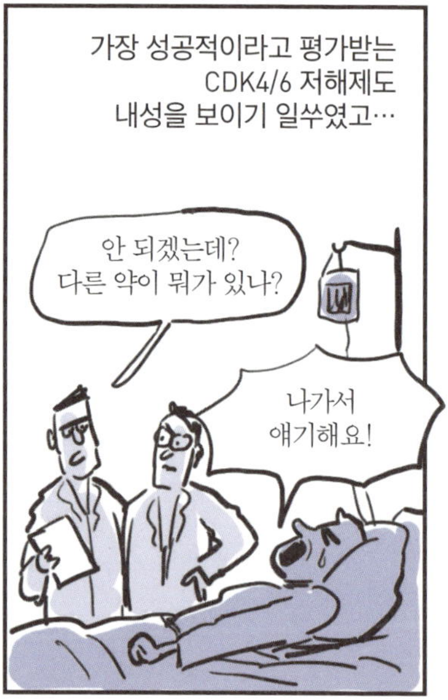

보통 표적항암제라는 것은
암세포만이 가진 돌연변이에
초점이 맞춰져 있습니다.
돌연변이다~ EGFR이 과발현!
egfr
그렇다면 저놈을 조져라~

하지만 이 방식은 양날의 검인
것이, 돌연변이 자체가 워낙
변화무쌍해서

표적항암제가 잘 듣다가도
어느덧 예리함을 잃게 되고…
낄 낄
빌어먹을! 더 이상 안 먹혀.

돌연변이를 타깃으로 한 표적항암제의 한계…

곁가지 말고
적의 중심을
돌파하라~
CDK7 저해제, Q901은
표적항암제 개발에서 상당히 용감하게
시도하여 얻은 결과물이죠.
완성했나요?
완성했죠.
쉽지 않았습니다.

이름 모를 수많은 엔지니어가
피땀을 쏟아부은 결과 아닙니까?

네?
그게… 먼저 고려해야 할…
긴말 안 합니다. 만드세요! 당신들 하는 일이잖소! 월급 받고.
우선… 훌륭한 CDK7 저해제의 자격 요건은 선택성 측면에서 완벽해야 한다는 거였죠.
CDK7

우리는 지난한 과정을 통해, 우리 몸에 수천 개가 존재하는
다른 인산화효소에는 작용하지 않고…

지금까지 개발된 모든
CDK7 저해제 중에
Q901이 가장 탁월한 선택성을
보였습니다.

~오직 너뿐이야~
CDK7

짝
짝

짝
짝
짝
짝

디테일이 중요하다고 했죠?
탁월한 선택성 외에도
Q901의 돋보이는 특성이 더 있습니다.

간과해서는 안 되는 게 있어요.

조준~
쾅
발사!

약이 투여됐을 때
암세포까지의 전달 효율성이
대단히 중요합니다.
학
푹
기가 막힌다!
약이 아무리 좋더라도
중간에 소실되어
약효가 미약해지면?
그래선 안 되겠죠?!
약이 다 어디로
가는 겨?
약이 암세포가 아닌 다른 곳에
오래 머물러서
정상세포에 큰 피해를 줘서도
안 됩니다.
벼룩 잡으려고
초가삼간 태우는 격.
즉 좋은 약이라면
목적지에 가능한 한 효율적이고
빠르게 접근할 수 있어야죠.
철푸덕
CDK7
슈욱

Q901이
그렇다는 거죠?
왜 말을
오래 했겠어. 당연히
그렇겠지.
Q901이라는 물질에 대해
낱낱이
확인해 봤더니 말이죠.
녀석은 조직에 빨리 침투하는
물성이 있었습니다.
Q901
조직
혈액 같은 곳에 오래 있지 않고

CDK7에 야무지게 들러붙는
특성도 있었고요.
대충 결합하지 않는 겁니다.
끙
CDK7
이런 특성들을
종합해 봤을 때…
요 녀석 봐라.
Q901
우리의 결론은 경구투여보다는
혈관에 직접 투여하는 방법이
옳다는 것!
나이스 트라이~

경구투여를 한다면 장이나 그런 곳에 먼저 흡수되겠죠. 장에 손상을 줄 수도 있고요.
Q901은 혈관으로 주사할 때 암조직으로 빠르게 전달됩니다. 개 물성이 그래요.
Q901
맛을 왜...
이제는 정밀한 실험을 하고 있어요. 투여하는 약물의 양이나… 투여했을 때 효과가 클 암종… 등등.
좀 걸읍시다.

분명한 건… 우리가 제대로 된 CDK7 저해제를 만들었다는 것…
그만 걸으면 안 되겠소?
죄송합니다. 보여드릴 게 있어서요.

자랑을 너무 많이 했나요? 근데 아직 안 끝났어요.
하하하.
효과는 검증됐나요?

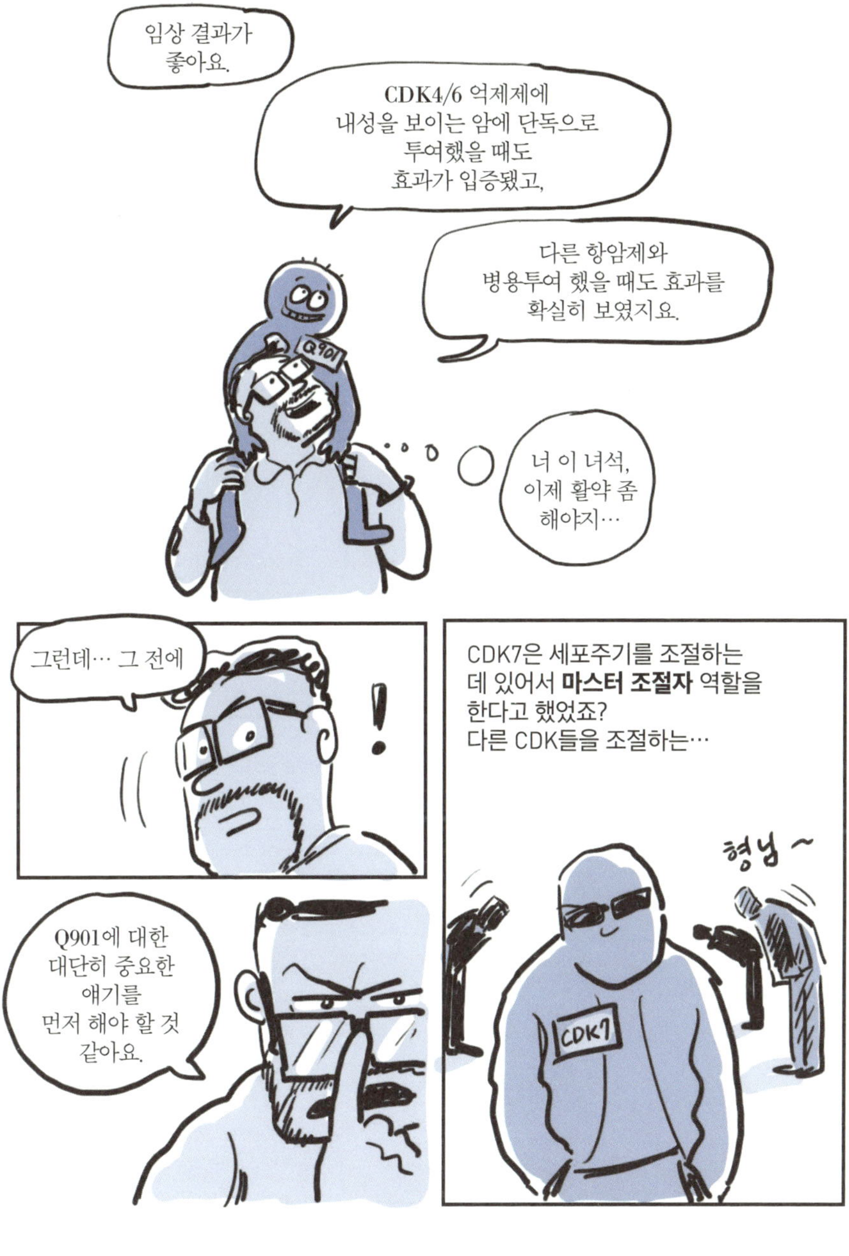
임상 결과가 좋아요.
CDK4/6 억제제에 내성을 보이는 암에 단독으로 투여했을 때도 효과가 입증됐고,
다른 항암제와 병용투여 했을 때도 효과를 확실히 보였지요.
Q901
너 이 녀석, 이제 활약 좀 해야지…
그런데… 그 전에
!
Q901에 대한 대단히 중요한 얘기를 먼저 해야 할 것 같아요.
CDK7은 세포주기를 조절하는 데 있어서 **마스터 조절자** 역할을 한다고 했었죠? 다른 CDK들을 조절하는…
형님~
CDK7

처음에는 CDK7의
세포주기 조절에 주목했는데

왜 CDK7 저해제 Q901이 항암제로서 제구실을 하는지,
구체적으로 암세포를 어떻게 제거하는지를
깨닫게 됩니다.

드디어 도착. 이 문을 통과하면 Q901의 비밀을 엿볼 수 있지요.
왜 이딴 문을… 말로 하면 되지. 상당히 만화적이네.

가시죠.

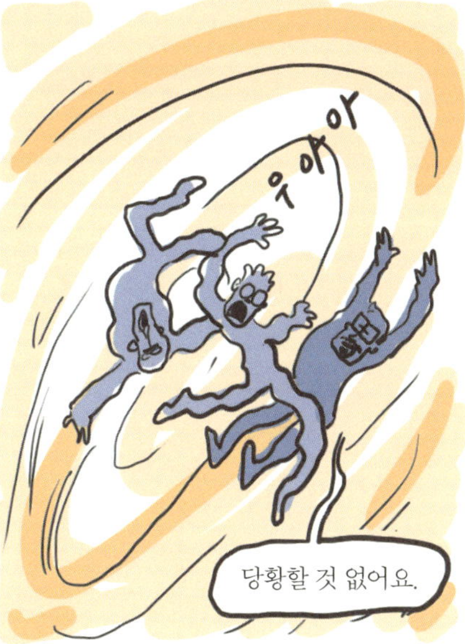
우아아
당황할 것 없어요.

곧 만날 수 있을 겁니다.
Q901이나 CDK7 녀석을…

기억하시죠?
기본적으로 Q901은 세포주기의 마스터 조절자 CDK7을 억제해서 하위 CDK까지 저해한다는 거.
Q901
CDK7
CDK4
CDK2
CDK6
Tumor
그렇게 세포주기가 망가진 암세포를 사멸시킨다는 것도요.

교과서적인 내용이죠.
그런데…
CDK7
와~ 하하~ 선생님!
어이~
이 친구가 CDK7입니다.
하하하!
꾸벅

바쁘지?
활성화 전이에요.
CDK1
쌔앵~
때마침 오네요. 저기~
Q901
슝
선생님 뜻대로 되시길 바랍니다.
그래…

우린 Q901이 암세포 DNA의
손상 복구를 저해한다는 것을
알게 됐어요.

CDK7을 저해함으로써 말이죠.

DNA 복구가 방해받으니
암세포는 결국 세포자멸사의
길로 갑니다.

Q901, 잠시만 떨어져 있어봐.
이따가 다시 놀자.

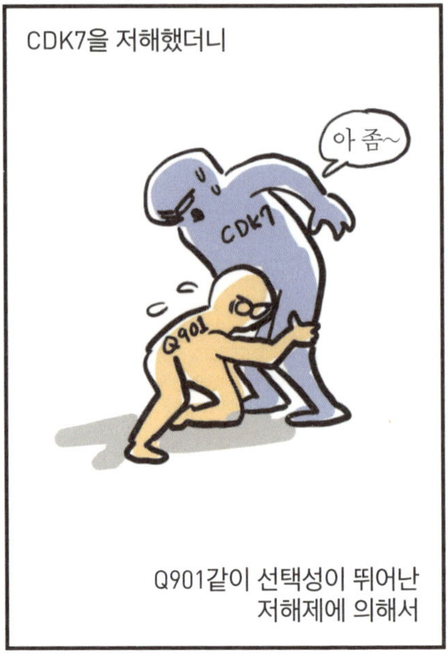

이런 일이 벌어집니다.

DNA에 오류가 생겼을 때, 이를 복구하는 시스템에 다소 문제가 생깁니다. 특히 DNA 두 가닥 모두 망가졌을 때의 복구 능력 저하는 눈에 띕니다.

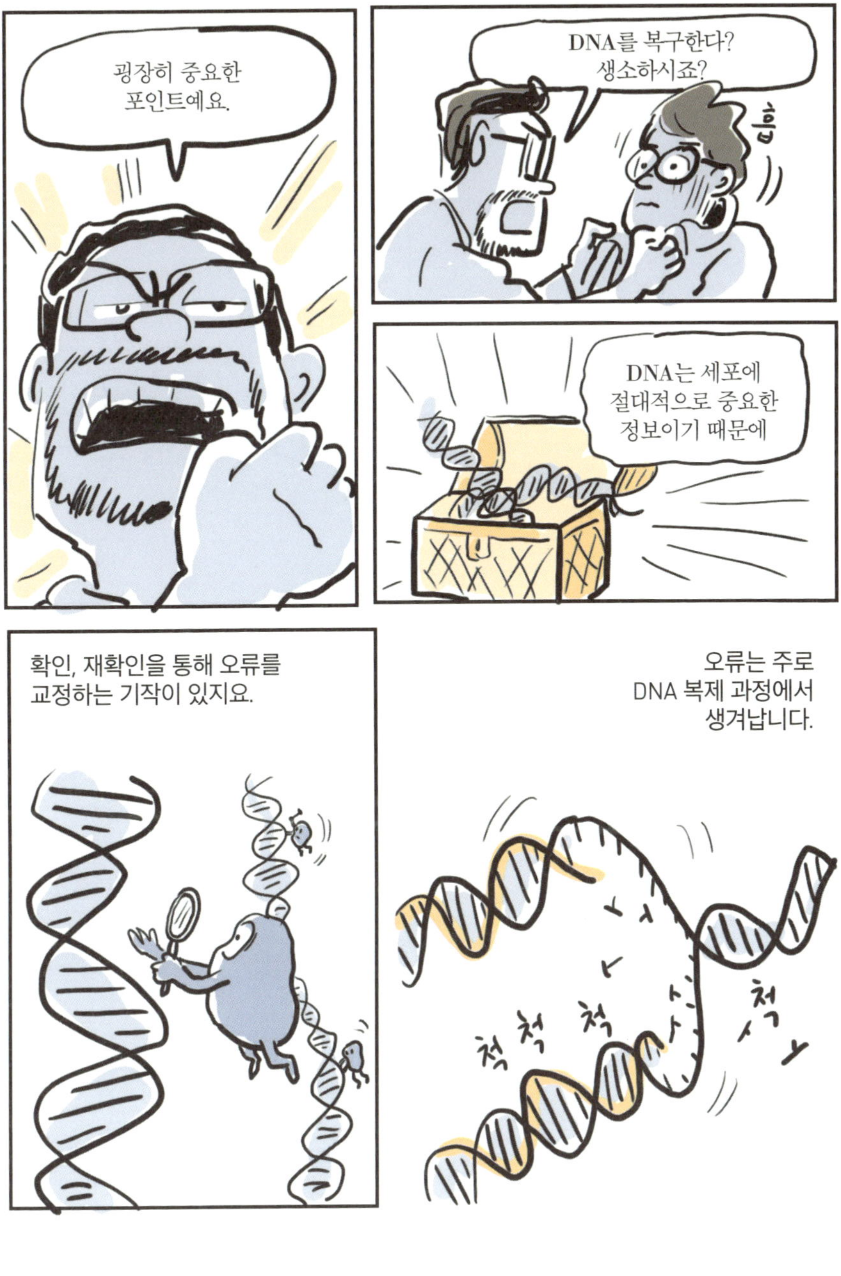
굉장히 중요한
포인트예요.
DNA를 복구한다?
생소하시죠?
흡
DNA는 세포에
절대적으로 중요한
정보이기 때문에
확인, 재확인을 통해 오류를
교정하는 기작이 있지요.
오류는 주로
DNA 복제 과정에서
생겨납니다.
척 척 척
척 척

DNA 복제를 수행하는
DNA 중합효소*는 일을 하면서
잘못된 염기쌍을 이루는
뉴클레오타이드가 발견되는
즉시

잘못된 걸 제거하고 합성을
다시 시작합니다.
즉각적으로 교정하는 거죠.

타이핑하면서 오타가 났을 때 백스페이스 키를 눌러
글자를 제거하고 다시 쓰는 것과 비슷합니다.

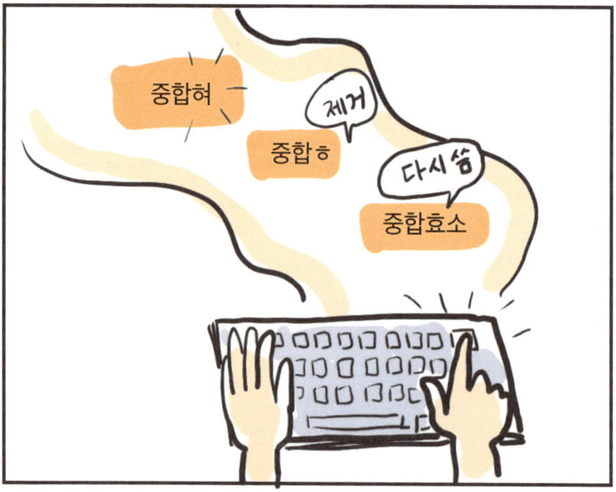

***DNA 중합효소**DNA polymerase DNA를 주형으로 하여 새로운 DNA를 합성하는 효소. DNA 복제에 필수적이며, 복제할 DNA를 읽고 기존 가닥과 일치하는 두 개의 새로운 가닥을 생성한다.

DNA 복제가 마무리되더라도 완전무결한 100퍼센트 복제라는 건 불가능합니다.
우리도 몇 페이지의 문서를 꼼꼼하게 타이핑하더라도 나중에 보면 꼭 오타가 몇 개 나오지요.

세포는 놀랍게도 오타… 그러니까 잘못된 염기쌍을 수선하는 효소를 동원하여 잘못된 부분을 한 땀 한 땀 고칩니다.
어디 보자…
이거 봐봐. 이럴 줄 알았어.

인간 세포에 이러한 **수선효소***가 200종 가까이 되는 걸 보면 우리 몸은 DNA 교정과 수선을 위해 가히 강박에 가깝게 노력한다는 것을 알 수 있죠.

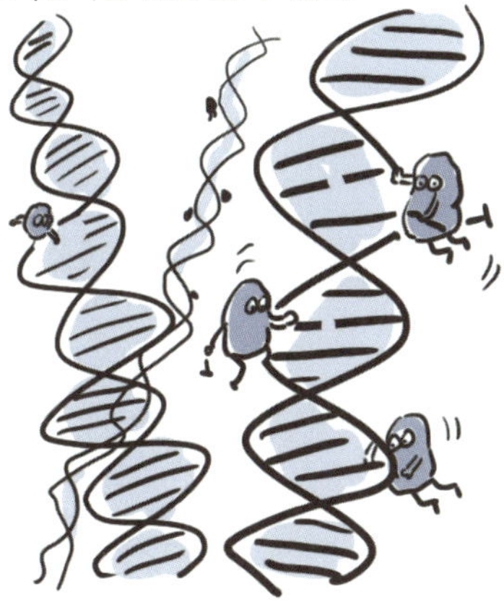

***수선효소**repair enzyme DNA에 생긴 손상을 원래대로 복원하는 효소.

분류하자면 DNA 손상은
두 가닥 중 하나만 잘못되는
경우가 있고

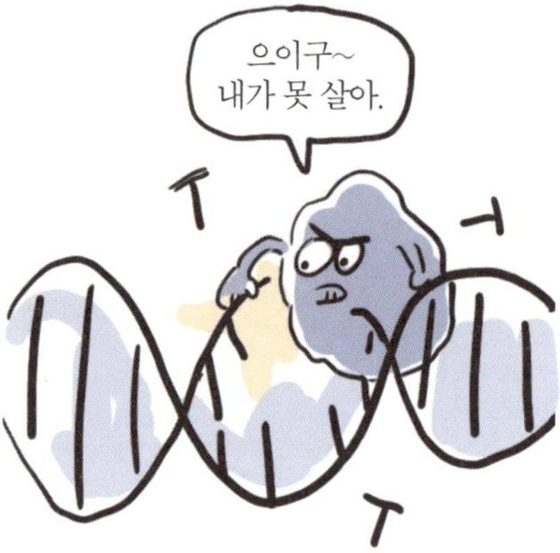

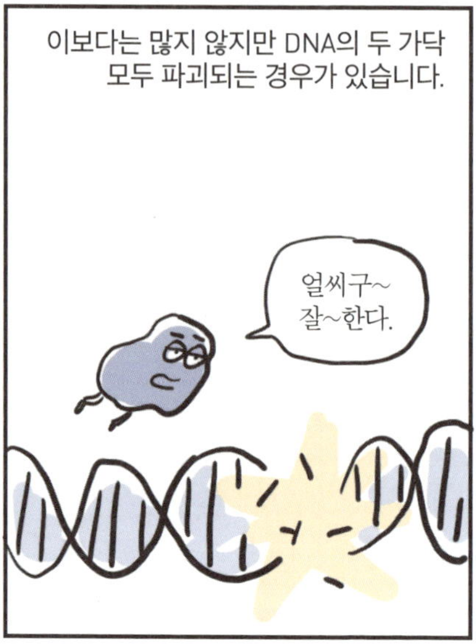

어떤 경우라도 우리의 해결사! 수선효소가 각자의 역할을 수행하죠.

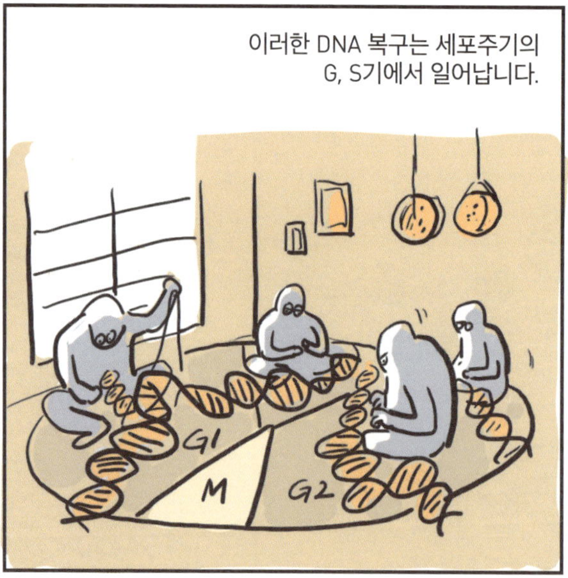

선생님…
정리가 필요해요.
Q901이
CDK7을 저해하면…
Q901
CDK7
DNA를 복구하는 수선효소가
제대로 만들어지지 않거나,
수선효소에 문제가 있어서
제 역할을 못 한다는 말씀인데…
아아아악
그렇습니다.
궁금한 건요.

CDK7 저해와 DNA 복구 불발,
둘 사이에 무슨 일이 벌어지는가…
이거거든요.
Q901
CDK7

그 부분은 아직 정확하지 않아요.
부분적으로 성과를
거두고 있지만…

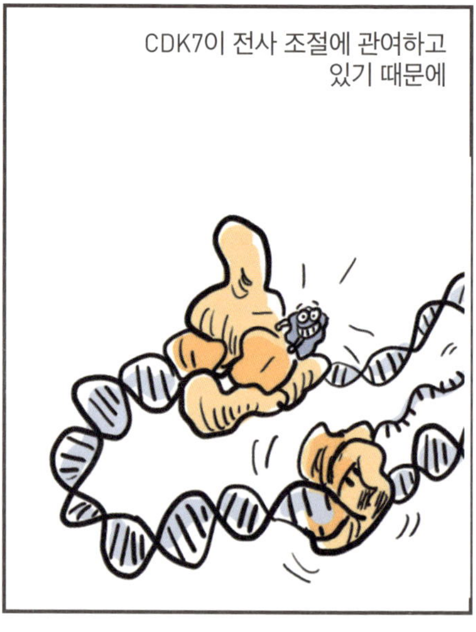
CDK7이 전사 조절에 관여하고
있기 때문에

CDK7이 Q901에 의해 저해됐을 때,
특정 유전자의 발현이
영향을 받았을 겁니다.
뭐 해? 안 만들어?
기다려 봐,
문제가 있어~
그 영향은 도미노처럼
다른 효과를
불러일으켰을 테죠.
어디가
문제인 거야?
일을 못 하잖아,
우리가~
CDK7 이놈이
주범이란
얘기가 있어~
쿵
쿵
쿵
그 효과 중에는 세포주기의
진행을 막는 것,
좌르르륵
세포주기
멈춤
DNA 복구를 저해하는 것 등이
있는 겁니다.
좌르륵
착 착 착
DNA 수선효소

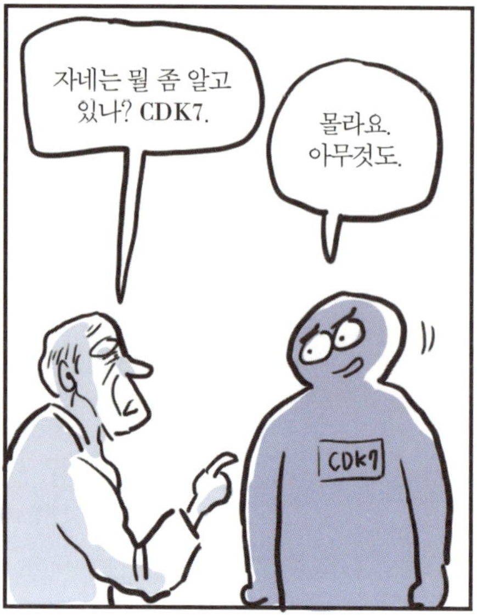
자네는 뭘 좀 알고 있나? CDK7.
몰라요. 아무것도.
CDK7

네 일만 할 뿐이에요.
활성화되면 전사 개시에 참여할 뿐…

자네는 그 대단한 마스터 조절자 아니었어?
나를 포함해서 세포 안의 구성원들은 그냥 자기 일만 해요.
세포 안 세상에서 특히 중요한 무엇이 있거나 지시하는 녀석이 있거나… 그런 건 한 번도 보지 못했습니다.

내가 이 녀석 때문에 일을 못 하게 됐을 때 DNA 수선효소가 제구실을 못 한다는 거.
얍 얍
그거 저도 첨 알았다고요.

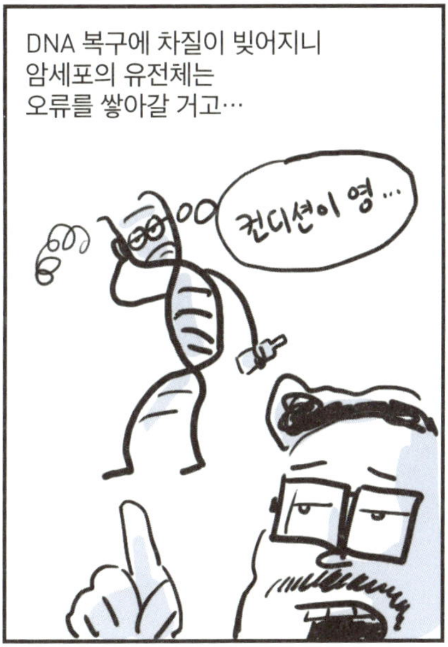
DNA 복구에 차질이 빚어지니 암세포의 유전체는 오류를 쌓아갈 거고…
컨디션이 영…

이걸 전문적 표현으로 유전체 불안정성이 증가한다고 말합니다.
불안하다.
genomic Instability

애초에 암세포는 DNA에 오류가
쌓이면서 탄생했지만
저리 비켜, 자식아.
Tumor
오류 덩어리!
오류가 지나치게 많아져서
유전체 불안정성이
도를 지나치면…
망한 인생…
자폭하는 건가요?
네 이놈!
그렇죠. 제아무리 암세포라도
자기파괴적 감시망을 피하는
한도 안에서 생존할 수 있습니다.

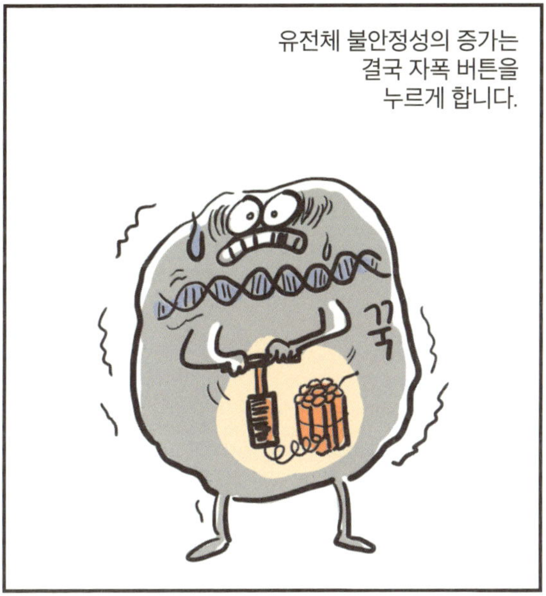
유전체 불안정성의 증가는
결국 자폭 버튼을
누르게 합니다.
꾹

이름하여 세포자멸사.
컥!
털썩
Apoptosis

선생님~ 자폭이
시작된 거 같아요.
그렇군.
선생님
탈출하세요.
얼른.
우르르르
와르르
쿠궁

우리는 간다,
CDK7.
Q901 녀석…
해냈구나.
여기
같이 있자.

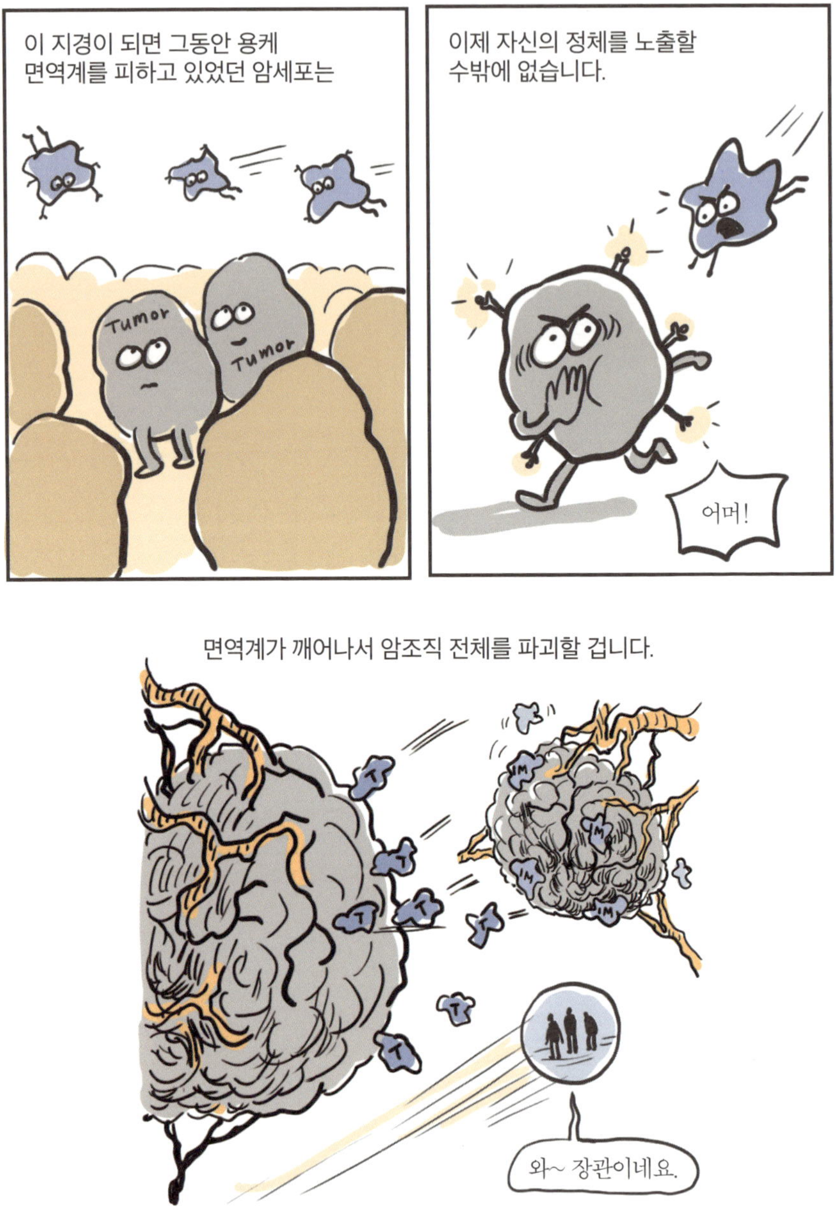
이 지경이 되면 그동안 용케
면역계를 피하고 있었던 암세포는
Tumor
Tumor
이제 자신의 정체를 노출할
수밖에 없습니다.
어머!
면역계가 깨어나서 암조직 전체를 파괴할 겁니다.
와~ 장관이네요.

이게 다 DNA 오류가 제대로 복구되지 못하기 때문에 나타나는 효과인 거죠.
암세포가 자신의 정체를 알려주는 항원을 드러내는 순간…
나 떨고 있니…
유전체 불안정성 증가
그때부터는 면역세포의 쇼타임~
Show Time

암세포는 면역계에 의해
제거되고
씹고
세포자멸사로 끝장나고
뜯고
환자는 행복하고!
하하
맛보고 즐기고…
자~ 정리하지요.
그럽시다.
으흠

먼저! 우리의 히어로 Q901은 CDK7만을 골라서 저해하죠?!
네!
CDK7은 하위 CDK, 즉 CDK 4, 6, 1, 2의 마스터 조절자로서
네~ 마스터 조절자.
CDK7이 Q901에 의해 저해되면?
Q901
CDK7
세포주기는 총체적으로 멈추게 되오.
그렇죠!

이런 이유로 CDK4/6 저해제에 내성이 생긴 암 환자들에게
CDK7 저해제는 훌륭한 구원투수가
될 수 있습니다.

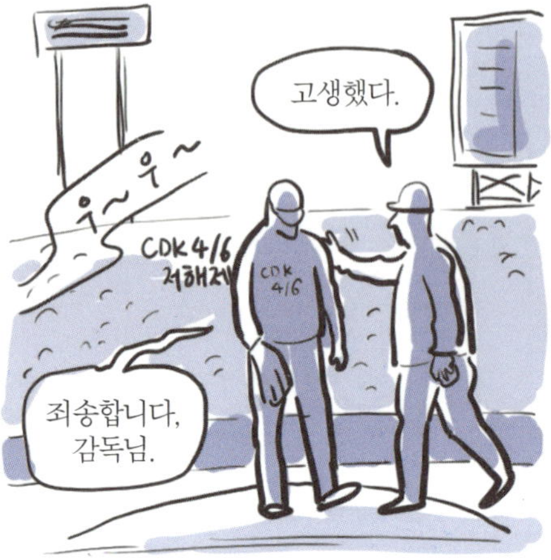

Q901은 특급 구원투수인
것이죠.

실제로 CDK4/6 저해제가 더 이상 듣지 않는
내성 유방암에
Q901은 강력한 효과를 나타냅니다.
G1
S
G2
M
Strike!
다음으로… 이건
중요한 사실인데요.
Q901은 암세포의 DNA 복구를
억제하여 유전체 불안정성을
높인다는 것!
You shall not pass~
왜, 왜요?

***키트루다**Keytruda T세포에 있는 PD-1 수용체에 PD-L1 대신 결합하여 암세포의 면역 작용 회피를 저지하는 면역항암제. 키트루다는 상품명이며, 성분명은 펨브롤리주맙Pembrolizumab이다.

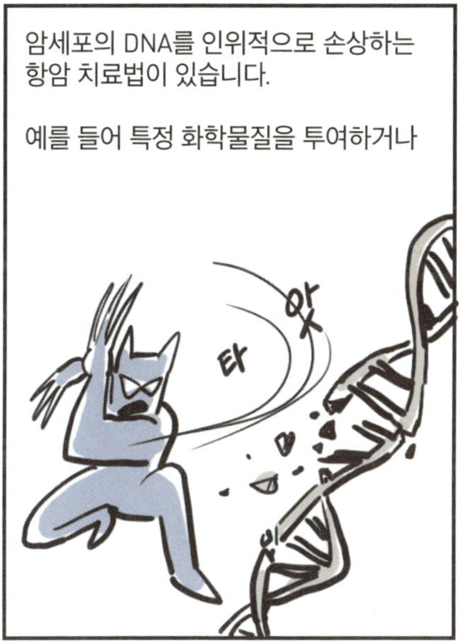

항암 치료법이 있습니다.
예를 들어 특정 화학물질을 투여하거나

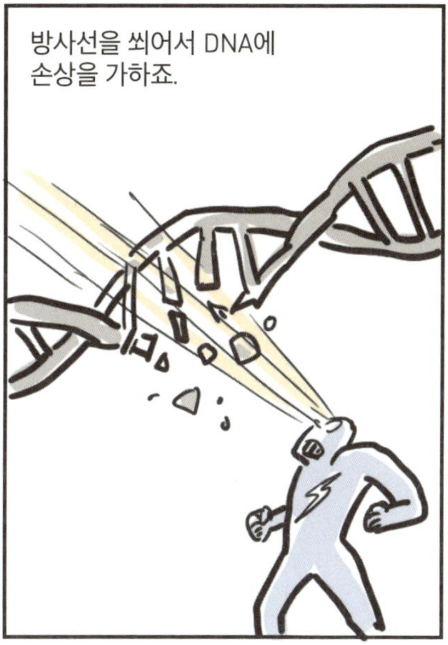
방사선을 쐬어서 DNA에
손상을 가하죠.

효과가 분명히 있지만 암세포는 얄밉게도
자신의 DNA 손상을 복구해서
살아남으려는 노력을
기울입니다.

DNA 복구 기작
가동~
Tumor

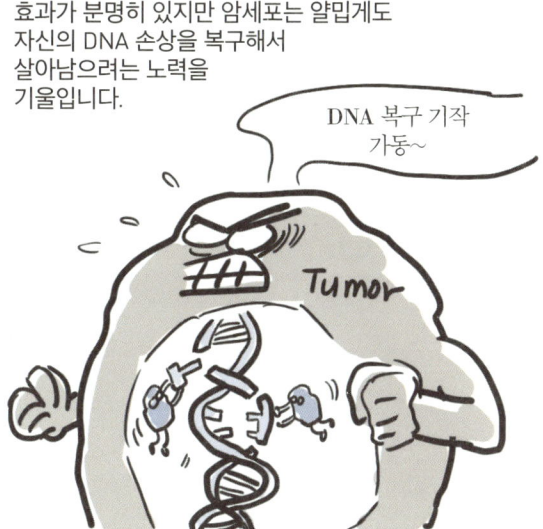

실제로 암세포는 높은 확률로
치료에 내성을 보여주죠.

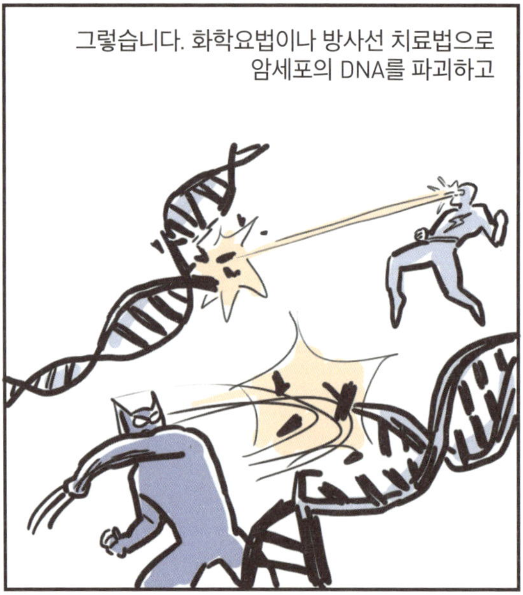

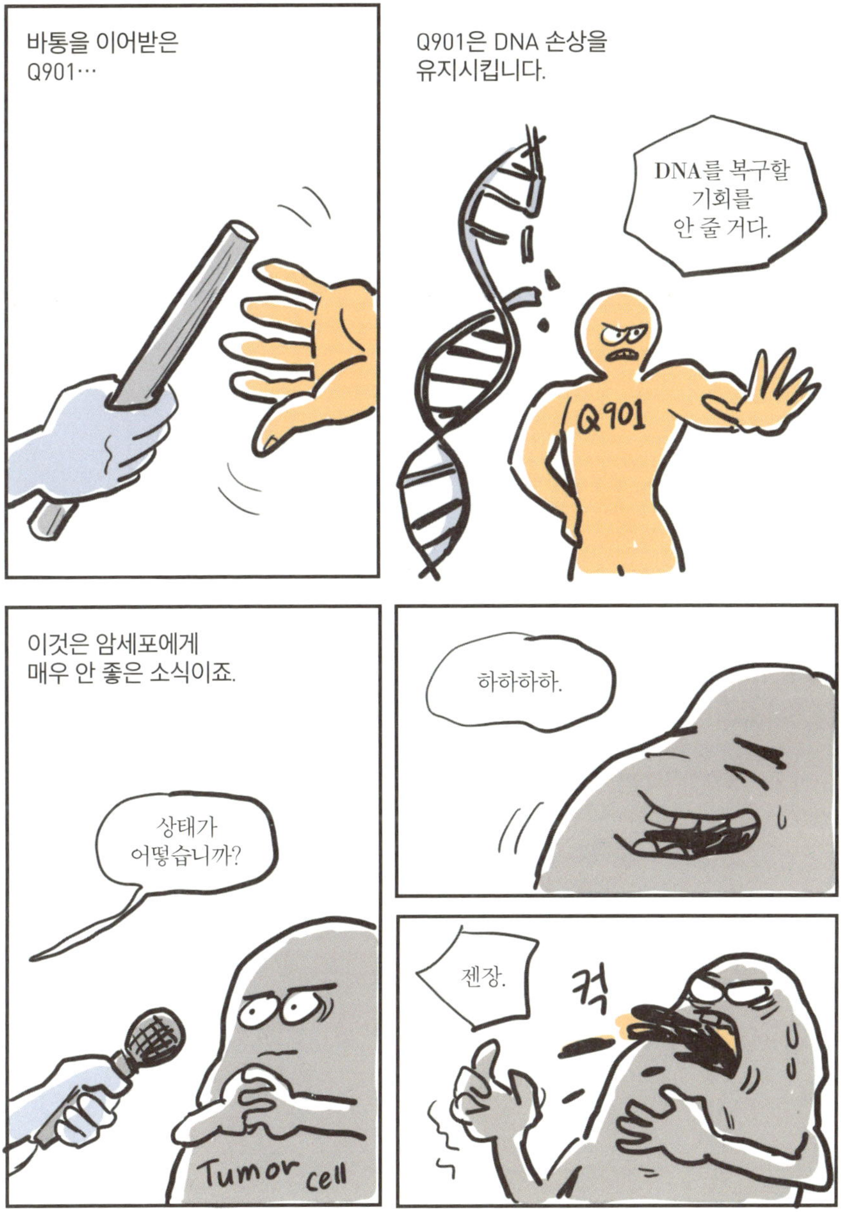
바통을 이어받은 Q901…
Q901은 DNA 손상을 유지시킵니다.
DNA를 복구할 기회를 안 줄 거다.
Q901
이것은 암세포에게 매우 안 좋은 소식이죠.
상태가 어떻습니까?
Tumor cell
하하하하.
젠장.
컥

Q901의 DNA 복구 억제 효과는 이처럼
다른 항암 치료법의 든든한 파트너가 될 수 있습니다.

Q901, 이 녀석은 우리를 여러 번 놀라게 하지만 이것이 끝이 아닙니다.

이쯤 되면 Q901은
항암계의 '카피바라'라고 불러야
할 듯합니다.
카피바라, 동물계에서
최고의 친화력을 지녔다고
알려진 동물.
무슨 카피바라…
과장 한 스푼만 보태면…
정말 그렇다니까요.
자~ ADC가 무엇이냐…
ADC
ADC는 항체약물접합체Antibody-Drug Conjugate의 줄임말인데,
이름 그대로…

질병의 원인이 되는 세포 표면의 수용체와 결합할 수 있는
항체*를 만들고 거기에 독성물질drug을 결합하여 보내서

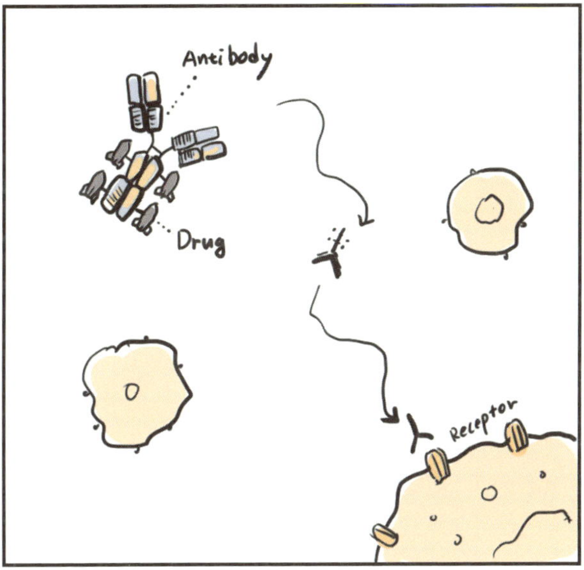

목표하는 세포만을
파괴하는 개념입니다.

***항체**antibody 면역계 내에서 항원의 자극에 의해 만들어지는 물질. 바이러스, 이물질 등에서 우리 몸을 보호하는 면역계의 주요 작용 중 하나다.

***파울 에를리히**Paul Ehrlich, 1854~1915 독일의 세균학자, 면역학자이자 화학자. 1908년 노벨 생리의학상을 수상했다.

그러나 실제 달로 사람을 실어 나르는 데는 그 후 300년 동안의 기술 축적이 필요했지요.

ADC항암제를 만들기 위해서는 수많은 허들과 진흙탕을 하나하나 건너야 합니다.

우선 암세포에서만 지나치게 많이 발현하는 HER2 수용체가 좋은 타깃이 된다는 것을 간파했고

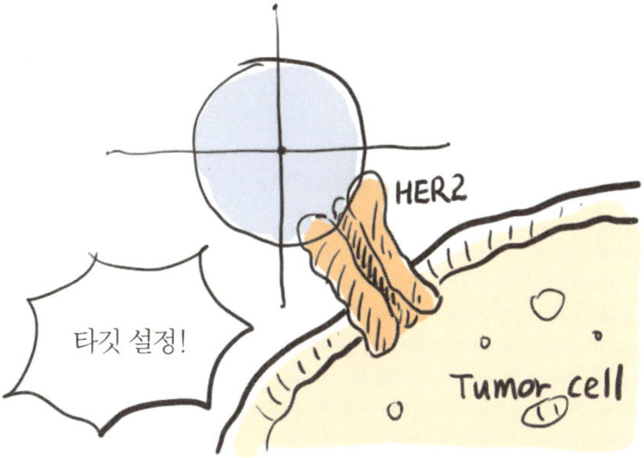

그다음엔 이러한 수용체에만 결합하는 특수한 항체를 만들어야겠죠.
항체에 결합하는 일종의 폭탄, 독성물질도 만들어야 합니다.
항체에 독성물질을 결합하는 것 역시 보통 어려운 일이 아닙니다.
미치고 팔딱 뛰겠군…
결합 부위에 작은 문제라도 생기면 암세포에 가기도 전에 분해될 것이고, 떨어져 나온 폭탄은 정상세포에 피해를 줄 것이 뻔합니다.
오폭이다.
광
광

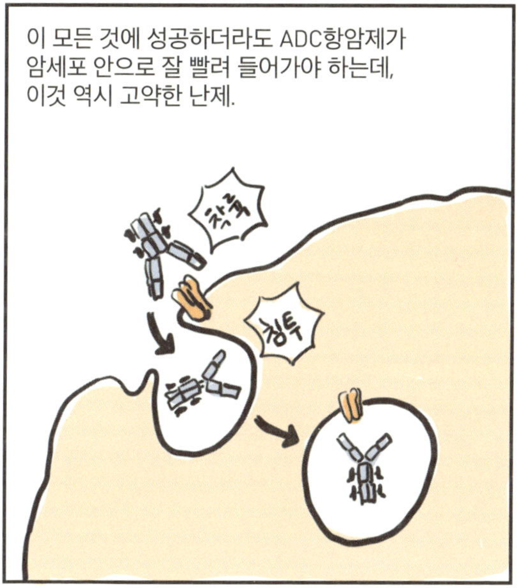

그래도 과학자들은 끝내 이 문제를 풀고야 맙니다.

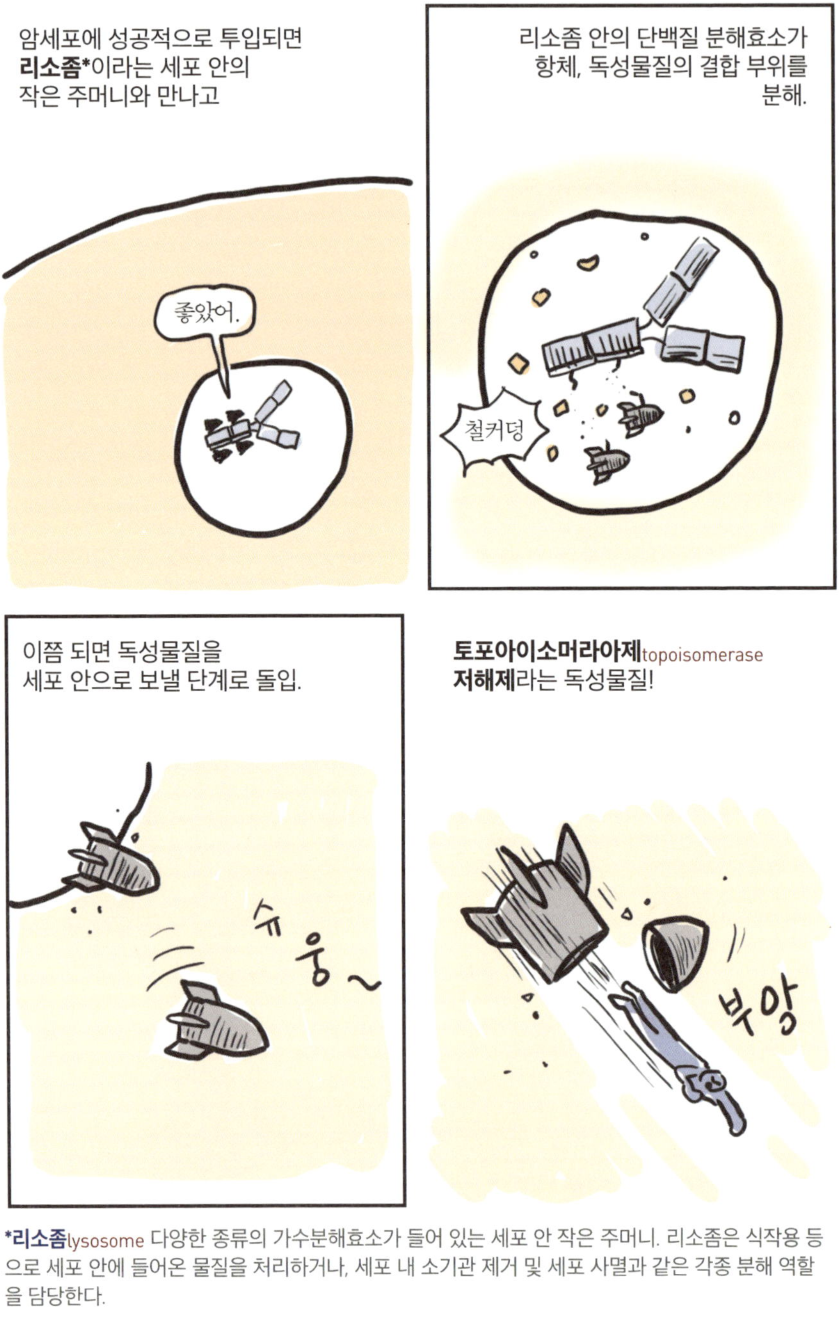

암세포에 성공적으로 투입되면
리소좀*이라는 세포 안의
작은 주머니와 만나고
좋았어.
리소좀 안의 단백질 분해효소가
항체, 독성물질의 결합 부위를
분해.
철커덩
이쯤 되면 독성물질을
세포 안으로 보낼 단계로 돌입.
슈웅~
토포아이소머라아제topoisomerase
저해제라는 독성물질!
부앙

***리소좀**lysosome 다양한 종류의 가수분해효소가 들어 있는 세포 안 작은 주머니. 리소좀은 식작용 등으로 세포 안에 들어온 물질을 처리하거나, 세포 내 소기관 제거 및 세포 사멸과 같은 각종 분해 역할을 담당한다.

이따가 말하겠지만
토포아이소머라아제 저해제는
대단히 효과적인 독성물질로
평가받고 있어요.

독성물질의 작용으로 결국
암세포는 제거됩니다.
으아아

솔직히 이 과정을 보고 있자면
눈물이 왈칵 쏟아질 지경입니다.
콰광
성공이다!

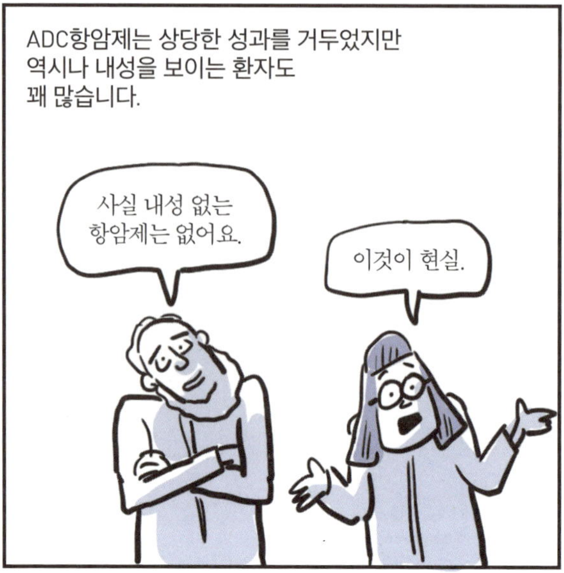

그런데 Q901이 합심하면
ADC 요법의 파괴력이
증가한다는 것을 최근에
알게 됩니다.

***소세포성 폐암**small cell lung cancer 폐암은 형태와 크기에 따라 비소세포성 폐암과 소세포성 폐암으로 나뉘는데, 소세포성 폐암은 발견하기가 어렵고 위험하여 사망률이 매우 높은 암이다.

Q901, 우리가 널
만들었지만…
Q901

뭐냐~ 너, 진짜?!
Q901

Q901이 어떻게 하길래 ADC항암제의 효과를 키우는 거요?
Q901
어르신~ 어느덧 과학도가 되셨는데요?
결론부터 말하면, CDK7이 전사 개시에 참여하고 있기 때문입니다.
조금 구체적으로 설명하자면…
CDK7

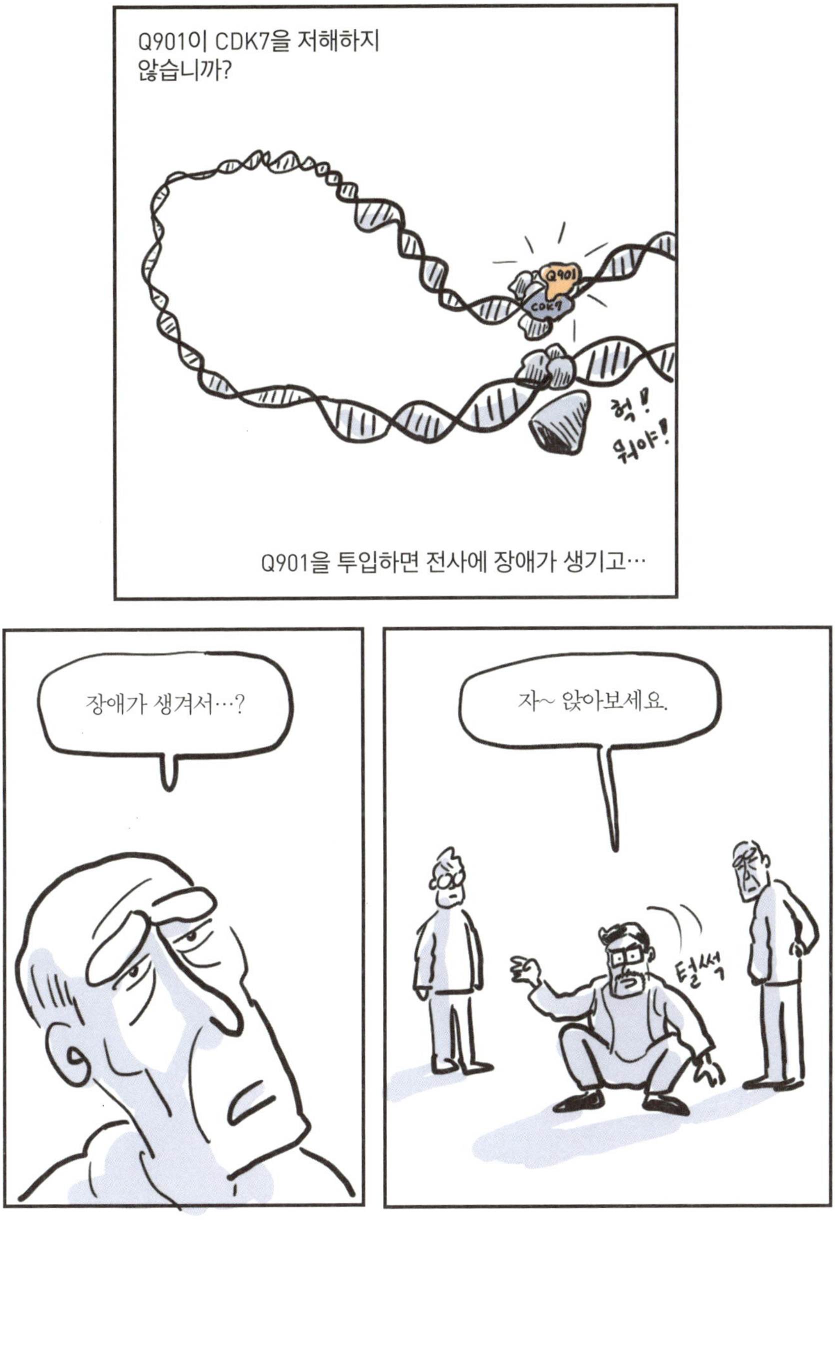
Q901이 CDK7을 저해하지 않습니까?
Q901
CDK7
헉! 뭐야!
Q901을 투입하면 전사에 장애가 생기고…
장애가 생겨서…?
자~ 앉아보세요.
털썩

앉아야 돼요?
우선, ADC가 어떤 식으로 작동해서 항암제의 역할을 하는지 알아야 합니다.
ADC가 암세포만을 표적으로 해서 암세포 내부까지 들어오는 것에 대해서는 앞서 말씀드렸고요.
암세포 안으로 들어온 독성물질이 어떤 방식으로 암세포를 죽이는지에 대해 간략하게 설명해 드릴게요.

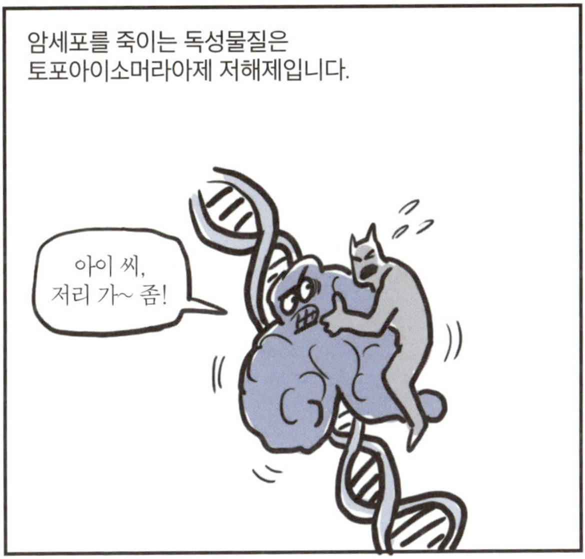

DNA 토포아이소머라아제는
DNA 복제와 전사 과정에서 DNA 가닥이 풀어질 때,
비틀어지는 압력을 완화하는 효소.

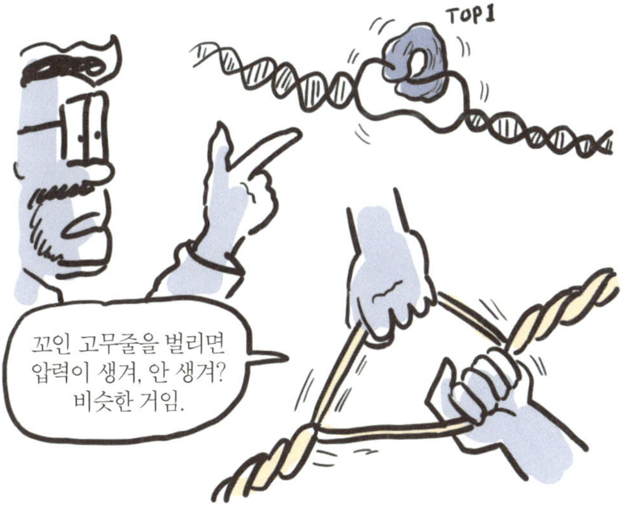

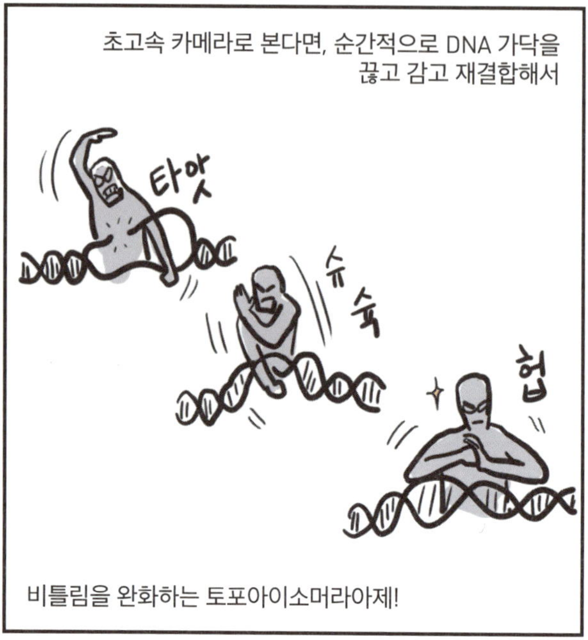

초고속 카메라로 본다면, 순간적으로 DNA 가닥을
끊고 감고 재결합해서
타앗
슈슉
헙
비틀림을 완화하는 토포아이소머라아제!

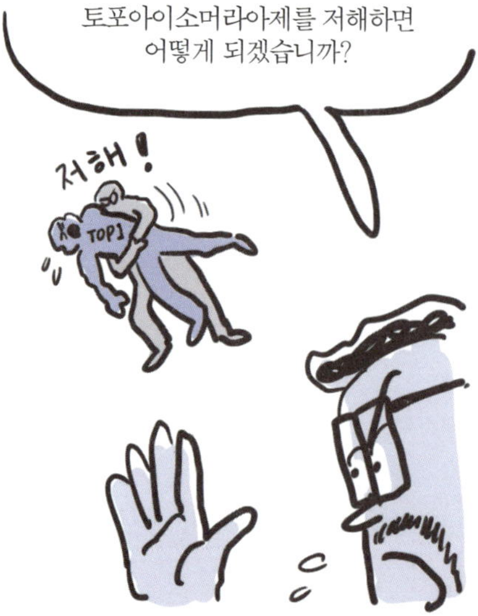

토포아이소머라아제를 저해하면
어떻게 되겠습니까?
저해!
TOP1

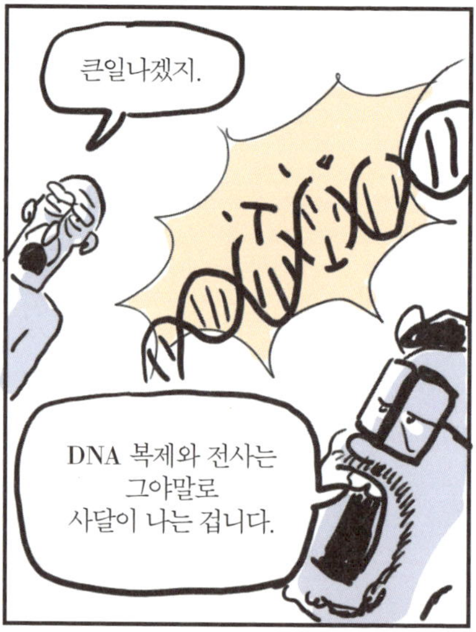

큰일나겠지.
DNA 복제와 전사는
그야말로
사달이 나는 겁니다.

특히나 DNA 복제와 전사가 활발한 암세포에게
토포아이소머라아제 저해제는
그야말로 죽음의 사약이 되는 것이지요.
네 죄를 알렸다. 무지성 복제를 한 죄~

허나 이 약도 내성을 피할 수 없지요.
그 이유가… 여기부턴 좀 복잡하거든요.

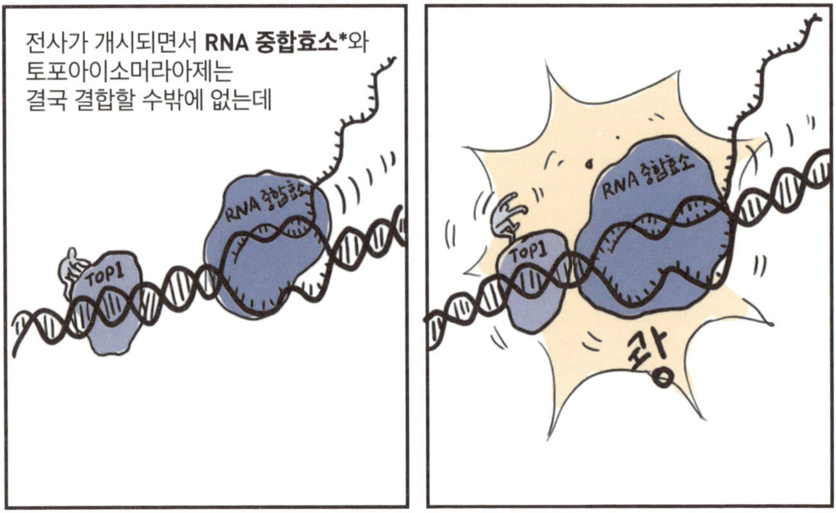

이렇게 되면 분자적인 과정에 의해
토포아이소머라아제 저해제의 효과가 뚝 떨어집니다.

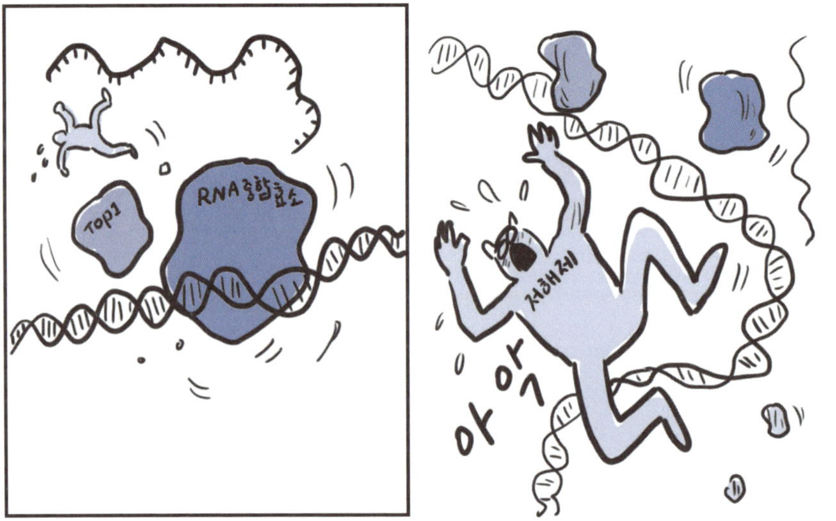

***RNA 중합효소**RNA polymerase 전사 과정에서 작용하는 효소. 이중가닥 DNA를 풀어 주형 가닥에 상보적인 RNA를 합성한다.

제아무리 ADC항암제 일지라도
무용지물… 이렇게
내성이 생기는 겁니다.
그런데 여기서 우리의 Q901이
사태를 다시
호전시킬 수 있습니다.
Q901
문제 발생.
TOP1
도움을 요청한다.

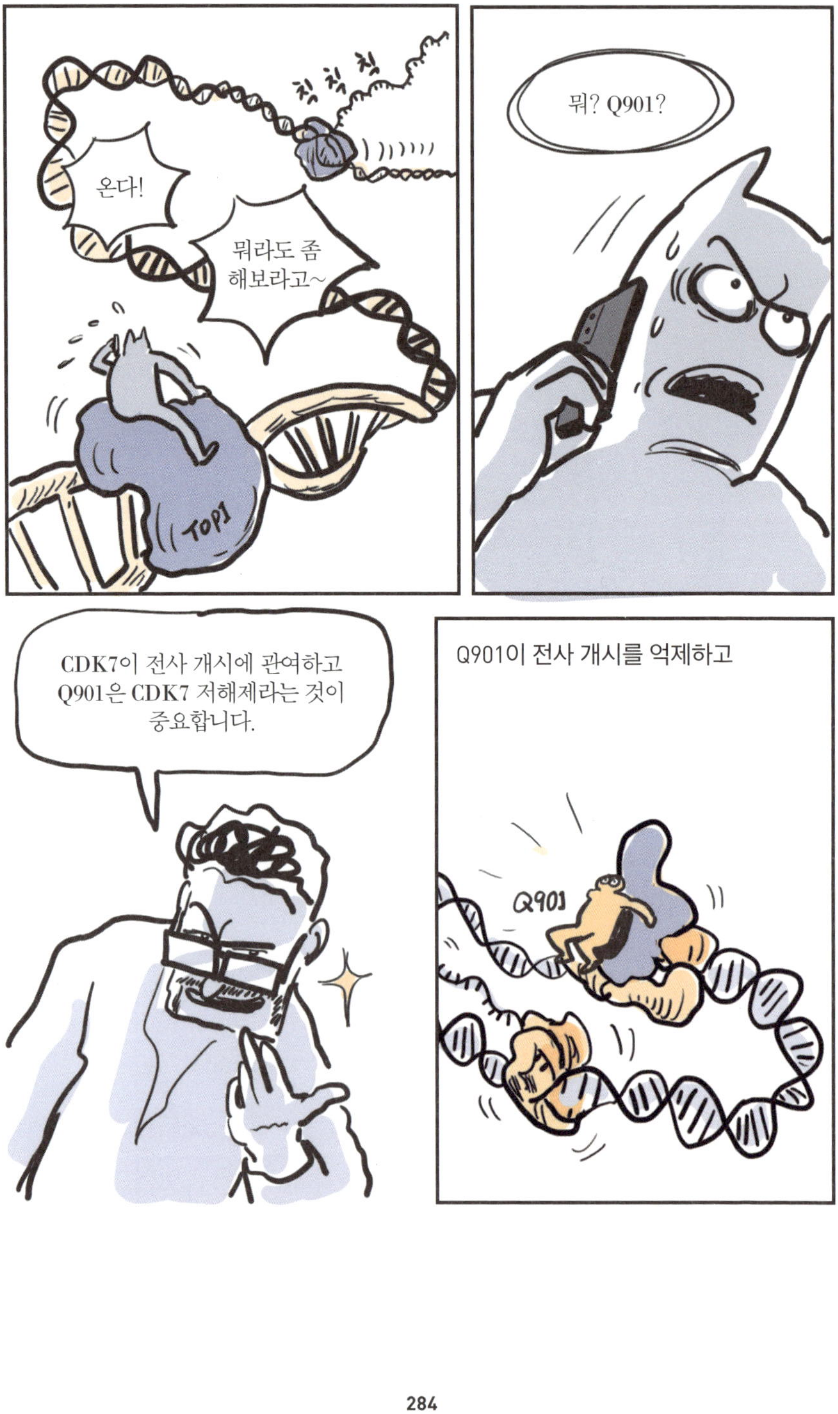
칙 칙 칙
온다!
뭐라도 좀 해보라고~
TOP1
뭐? Q901?
CDK7이 전사 개시에 관여하고 Q901은 CDK7 저해제라는 것이 중요합니다.
Q901이 전사 개시를 억제하고
Q901

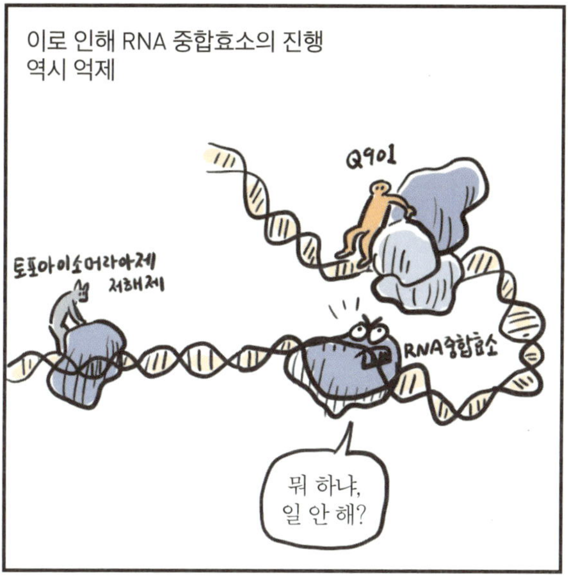
이로 인해 RNA 중합효소의 진행
역시 억제
Q901
토포아이소머라아제
저해제
RNA중합효소
뭐 하냐,
일 안 해?

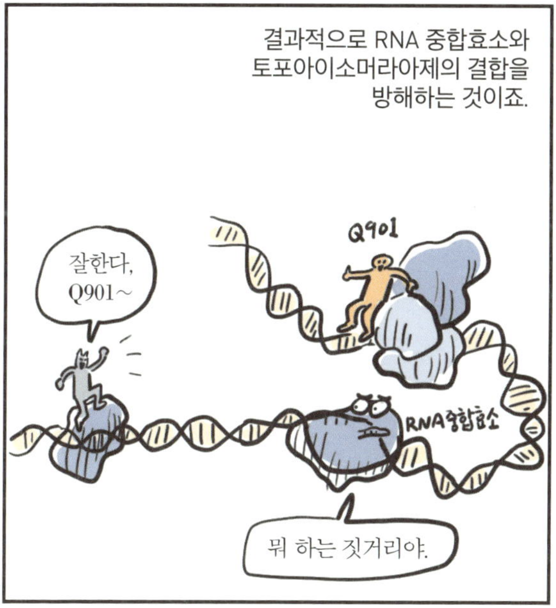
결과적으로 RNA 중합효소와
토포아이소머라아제의 결합을
방해하는 것이죠.
Q901
잘한다,
Q901~
RNA중합효소
뭐 하는 짓거리야.

내가 막고
있을게요.
Q901
CDK7
Q…
Q901.
TOP1
잊지 않으마.

반복해서 CDK7이 전사 개시와 관련이 있다는 걸 강조한 이유가 이겁니다.
으그그

Q901이 바로 그 CDK7을 억제하죠.

Q901에 대한 연구는 계속되겠지만, 우리는 일단 여기서 끝맺으면 될 것 같아요.

멋지지 않습니까? Q901의 여정은 과학의 역동적인 모습을 여실히 보여줍니다.
연구 성과를 따라가다 보면 우연히 다른 길로 여정이 이어지고 말이죠.
아! 마침 열차가 오고 있군요.
갑시다~
괘~액~

여러분은 지금 저와 함께 바이오테크 산업의 최전선을
함께하고 있습니다.
기존에 없던 원리를 밝혀낼 정도이니
그야말로 현재진행형의 진보라 할 수 있지요.

이 이야기를 하는 지금도 연구는 계속되고 있으며,
내일은 어떤 새로운 것이 발견될지 모릅니다.
그렇다면 항암에는 또 어떤 가능성이 있을까요?
다음 이야기에서는
항암제의 또 다른 모색을 확인할 수 있습니다.
그럼 다시 출발해 볼까요?

3 혈액암, 자가면역질환 치료의 단서

후버 교수

프로테아좀
단백질 복합체의 구조를
밝혀낸 인물.

프로테아좀

세포 내 단백질을
분해하는
역할을 하는 단백질 복합체.

프로테아좀 저해제

**일반적인 세포에
작용하는
프로테아좀 저해제**

암을 표적으로 하는
일종의 미사일,
항체약물접합체의 폭탄에 실려
고형암에 독성물질로 기능하는
저해제.

**면역세포
특이적인
프로테아좀 저해제**

혈액암이나 자가면역질환에서
과도하게 증식된 프로테아좀을
타깃으로 하는 저해제.

3

암을 낫게 하는 확실한 하나의 치료제는 현재로선 존재하지 않습니다. 어떤 치료든 장단점을 갖고 있죠.

암 치료에 우선적으로 사용되는 1세대 항암제, 화학항암제는 부작용이 두드러졌습니다. 작용 기전 자체가 민간인 사이에 웅크리고 있는 테러 집단을 잡자고 광범위하게 폭탄을 떨어뜨리는 것과 크게 다르지 않았죠. 2세대 항암제인 표적항암제는 암세포가 가진 특이한 돌연변이를 표적으로 삼아 야심 차게 개발됐지만 한계도 드러냈습니다. 효과가 제한적이라는 사실이 밝혀진 겁니다. 돌연변이가 모든 암 환자에게서 나타나는 것이 아닌지라 효과의 개인차가 심했습니다. 또한 암세포가 또 다른 돌연변이를 거듭 발생시키는 탓에 무용지물이 되는 일도 많았습니다. 3세대 항암제인 면역항암제는 화학항암제의 부작용, 표적항암제의 약점인 돌연변이 발생으로부터 자유로운 듯 보입니다. 그러나 이제 막 연구가 시작된 약물이어서 아직 반응률이 10퍼센트 정도밖에 되지 않는다고 하지요. 썩 만족스럽지 못한 상황입니다.

하지만 연구는 계속되고 있습니다. 최근에는 암 발병의 위험 신호를 알려주는 유전체 변이를 식별하는 진단 키트가 연구되는가 하면, 유전체 변이 외에 유전체를 둘러싼 환경, 예를 들어 메틸화methylation의 변화를 확인하여 암을 치료하려는 시도도 있습니다. 연구가 진행될수록 항암은 더욱 세밀한 맞춤형 치료로 나아가고 있습니다. 개인의 유전적 특징과 암세포의 특성을 고려한 치료제를 개발하고 있는 것이죠. 일례로 앞서 등장한 ADC, 즉 효과적인 독성물질을 탑재해 정확히 암세포에 실어 나르는 기술은 대표적인 맞춤형 치료제입니다.

이번 장에서 소개할 프로테아좀proteasome 저해제는 ADC에 탑재될 수 있는 독성물질 중 하나입니다. 정밀 유도 시스템에 탑재되는 강력한 탄두인 셈이죠. 프로테아좀 저해제는 암뿐만 아니라 다양한 질환에 사용될 수 있는 가능성까지 보여주고 있습니다. 그렇다면 프로테아좀이란 무엇일까요? 프로테아좀은 단백질을 파기하는 역할을 하는 세포 내 단백질 복합체입니다. 정상세포에서는 쓸모없는 단백질을 청소하는 훌륭한 청소부의 역할을 하지만 암세포에서는 활성화를 억제하는 단백질을 분해하는 방식으로 작용해 악영향을 줄 수 있습니다. 그래서 프로테아좀을 효과적으로 저해하면 암세포에 치명상을 입힐 수 있는 거죠.

프로테아좀이라는 단백질 복합체는 크기가 너무 커서 적절한 저해제를 만드는 일이 쉽지 않았습니다. 어찌어찌하여 과학자들은 저해제를 만드는 데 성공했지만 저해제 고유의 물성 탓에 타깃에 효과적으로 도달하는 데 어려움이 있었습니다. 그래서 다발골수종이라는 혈액암 정도에만 적용할 수 있었죠.

지금 개발되고 있는 프로테아좀 저해제는 기존의 약점을 극복하는 시도라는 점에서 치료제로서의 가치가 매우 높습니다. 면역세포를 포함한 다양한 세포의 프로테아좀에 도달하는 단계로 연구가 나아간 겁니다. 이로써 프로테아좀 저해제를 혈액암뿐만 아니라 대부분의 고형암에 적용할 수 있는 길도 열리고 있습니다. 혈액암과 고형암, 다른 여러 질환에까지 적용할 수 있는 프로테아좀 저해제는 그야말로 바이오테크의 최전선이라고 할 수 있습니다. 그럼 이제 암에 맞서는 또 다른 노력, 강력한 폭탄 프로테아좀 저해제의 모습을 확인해 보겠습니다.

바이오테크 익스프레스

세포 안에는 수천 가지가 넘는
다양한 단백질이 있는데, 그중 하나
프로테아좀을 소개하겠습니다.

사실 프로테아좀은
여러 단백질이 모여 있는
복합체.

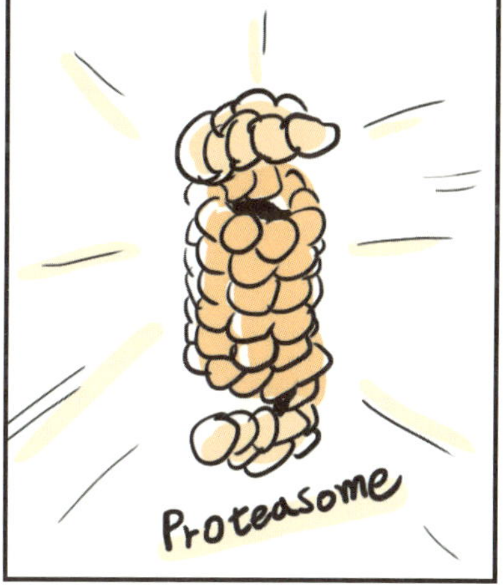

프로테아좀의 통상적인 임무는
손상됐거나
애초에 잘못 만들어진 단백질을
분쇄하여 제거하는 것.

신기하게도
커피 그라인더처럼
작동…

***로베르트 후버**Robert Huber, 1937~ 독일의 생화학자. 광합성 박테리아에서 발견되는 단백질 복합체의 3차원 구조를 발견하고 규명한 공로로 1988년 노벨 화학상을 수상했다.

후버 교수는 엽록소chlorophyll의 분자 구조를
최초로 규명한 공로로 1988년에 노벨 화학상을 수상했습니다.

엽록소가 과학적으로 중요한 물질이기도 했지만
무엇보다 최초로 막단백질 복합체의
구조를 알아냈다는 점이 엄청난 가치를 지닌 일이었죠.

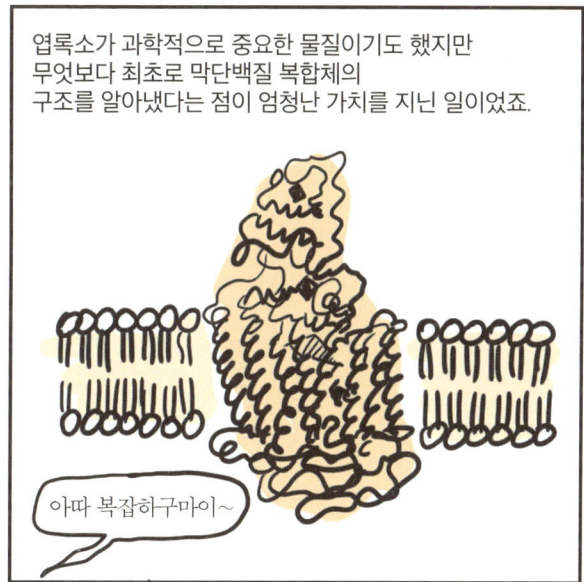

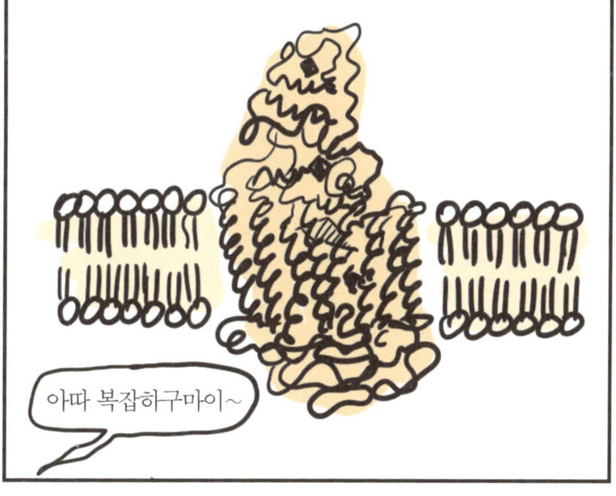

***구조생물학**structural biology 단백질과 핵산 등 분자 구조 및 구조의 변화가 미치는 영향에 대해 연구하는 학문.

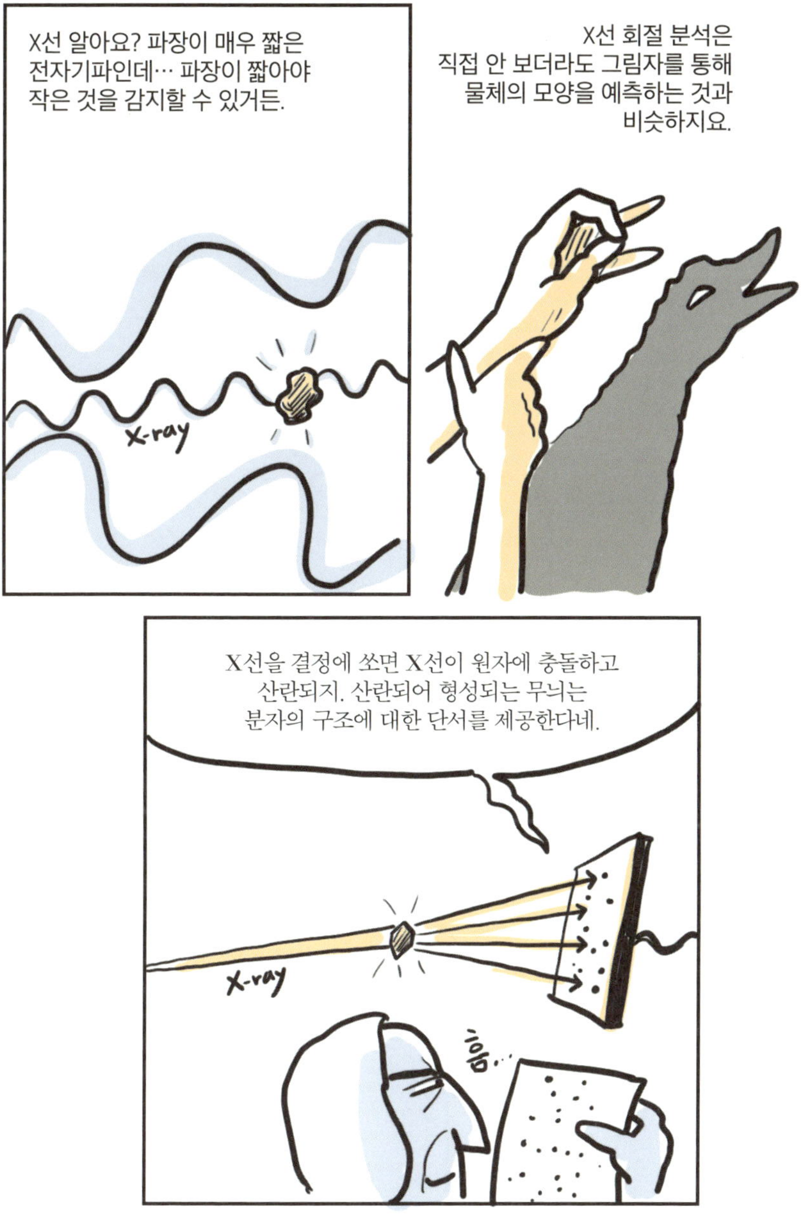
X선 알아요? 파장이 매우 짧은 전자기파인데… 파장이 짧아야 작은 것을 감지할 수 있거든.
X-ray
X선 회절 분석은 직접 안 보더라도 그림자를 통해 물체의 모양을 예측하는 것과 비슷하지요.
X선을 결정에 쏘면 X선이 원자에 충돌하고 산란되지. 산란되어 형성되는 무늬는 분자의 구조에 대한 단서를 제공한다네.
X-ray
흠…

추가적인 정보가 필요한데… 위상phase이라는 것을 지정해야 하고… 위상은 말이야. 분자의 파동 특성에 대한 것이고…
계산하는 게 꽤 골치가… 복잡한 얘기는 여기서 그만.
아, 그리고… X선을 쏘기 전에 대상물을 결정화하는 기술이 중요해요.

소금 같은 단순한 결정 분자는
구조를 간단히 알 수 있지만
복잡하고 큰 분자는
얘기가 달라져요.
Na
Cl
그래도 우리 과학자들이
누굽니까?
기술을 향상하고 계산 방법도
개선하면서… DNA 같은
꽤 복잡한 것의 구조도 알아냈죠.
급기야 엽록소나 프로테아좀 같은
덩치 큰 분자의 구조까지~

누가 그걸 했다고요?
후버 교수님~
과학은 아름다운 거예요. 호기심을 가지고 우주를 바라본다면 여러분도 아름다움을 바로 느낄 거고, 여기서 또 훌륭한 과학자가 나올 수도 있답니다.
잘 가요~

***보르테조밉**Bortezomib 밀레니엄 파마슈티컬스Millennium Pharmaceuticals에서 재산권을 가지고 있는 최초의 프로테아좀 저해제. ****다발골수종**multiple myeloma 백혈구의 한 종류인 형질세포plasma cell가 비정상적으로 분화, 증식하여 발생하는 혈액암.

집합!
후다닥
나는 프로테아좀 구조를 가져다줬어요, 여러분에게.
근데 여러분은 뭐 하는 거죠?

연구실을 운영하는 자원은… 플라스크만 열심히 닦으면 나오는 줄 아나.
왜 프로테아좀 연구의 결실을 전부 바깥에서 수확하는 거요?

2020년 로버트 후버 교수, 막스플랑크연구소, **큐리언트*** 등은
우수한 프로테아좀 저해제 개발을 목표로 회사를 설립…

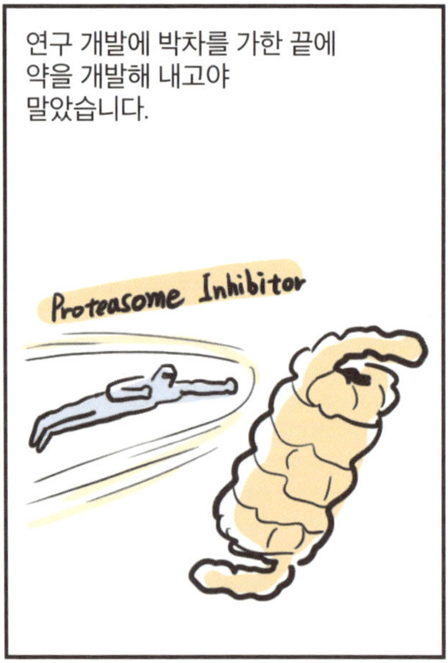

***큐리언트**Qurient 한국파스퇴르연구소에서 유망한 기초연구과제의 상업화를 위해 2008년 분사한 신약 개발 전문 바이오 기업이다. 자회사로 QLi5 테라퓨틱스QLi5 Therapeutics GmbH가 있다.

초창기에는 프로테아좀을 손상되거나 수명이 다한 단백질의
파기를 담당하는 일종의 쓰레기통처럼 인식했습니다.

그러나 알면 알수록
프로테아좀의 역할은 더 복잡하고 심오했지요.

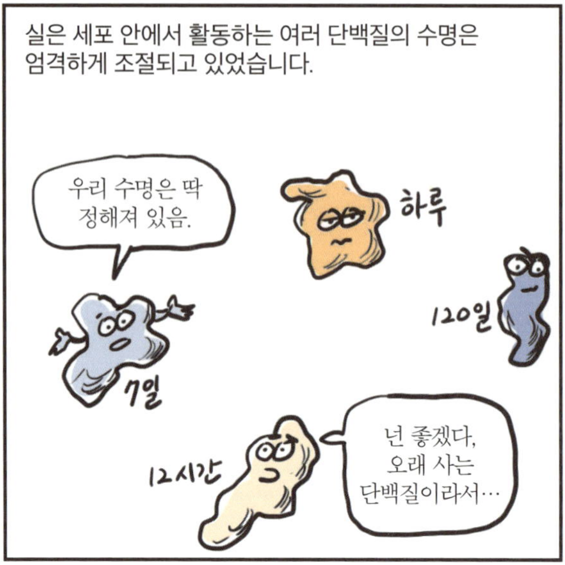

우리는 세포 안의 단백질이 만들어지는 과정, 속도, 양 등이 정교한 유전자 발현 조절에 의해 통제되고 있다는 것을 익히 알고 있습니다.

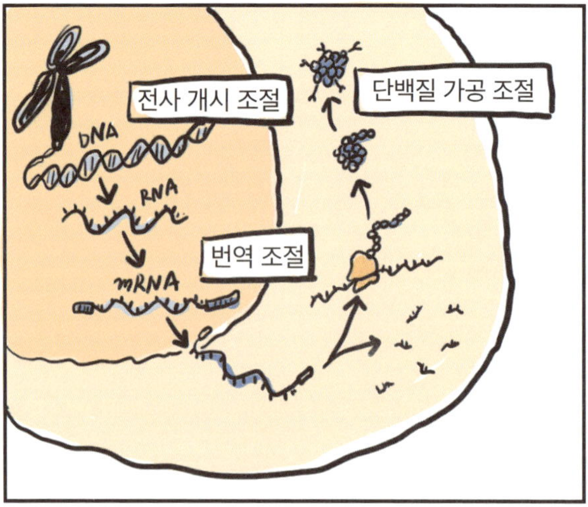

그런데 유전자 발현 못지않게 단백질 파기 역시
완벽하게 통제되는 것이죠.

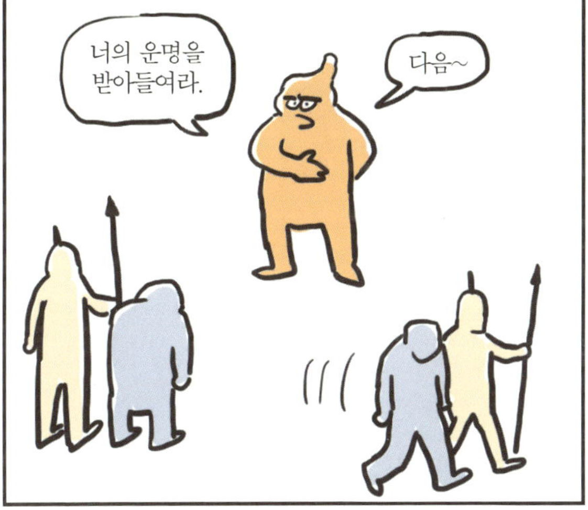

사이클린 단백질을 기억하시나요?
CDK를 활성화하는 사이클린의 양이
정확한 타이밍에 늘어나고 줄어드는 것이
세포주기를 조절하는
핵심이었죠.

사이클린 단백질을 줄어들게 하는 데
프로테아좀이 한몫하고 있었던 거죠.
사이클린 저놈 잡아라~

단백질이 적절히 생성되고
사라지게 하는 것…
결국은 세포 항상성 유지의 일환.

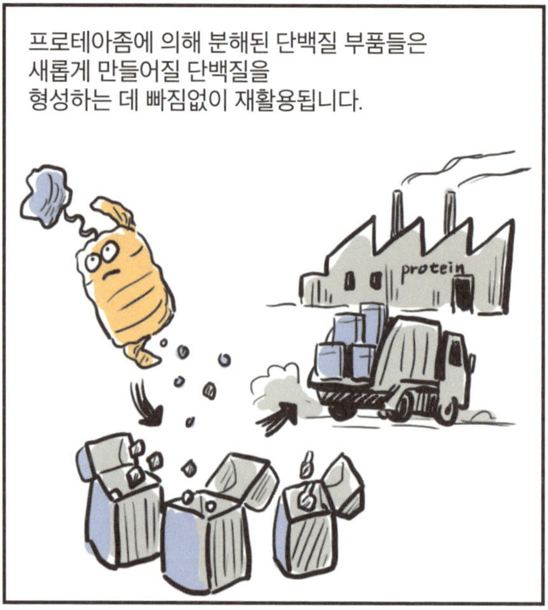
프로테아좀에 의해 분해된 단백질 부품들은
새롭게 만들어질 단백질을
형성하는 데 빠짐없이 재활용됩니다.
protein

제거돼야 할 단백질에는
유비퀴틴ubiquitin이라는 단백질
사슬이 붙습니다.
퍽
파기
헉
빌어먹을!
유비
퀴틴
유비퀴틴 태그가 붙은
단백질은
프로테아좀으로 직행하고
오셨는가.
프로테아좀에 잡힌 단백질은
술술 풀리면서
통 안으로 빨려 들어가고
장가도 못
가봤는데…
안에서 조각으로 분해되어
다른 방향으로 분출.
꺼억

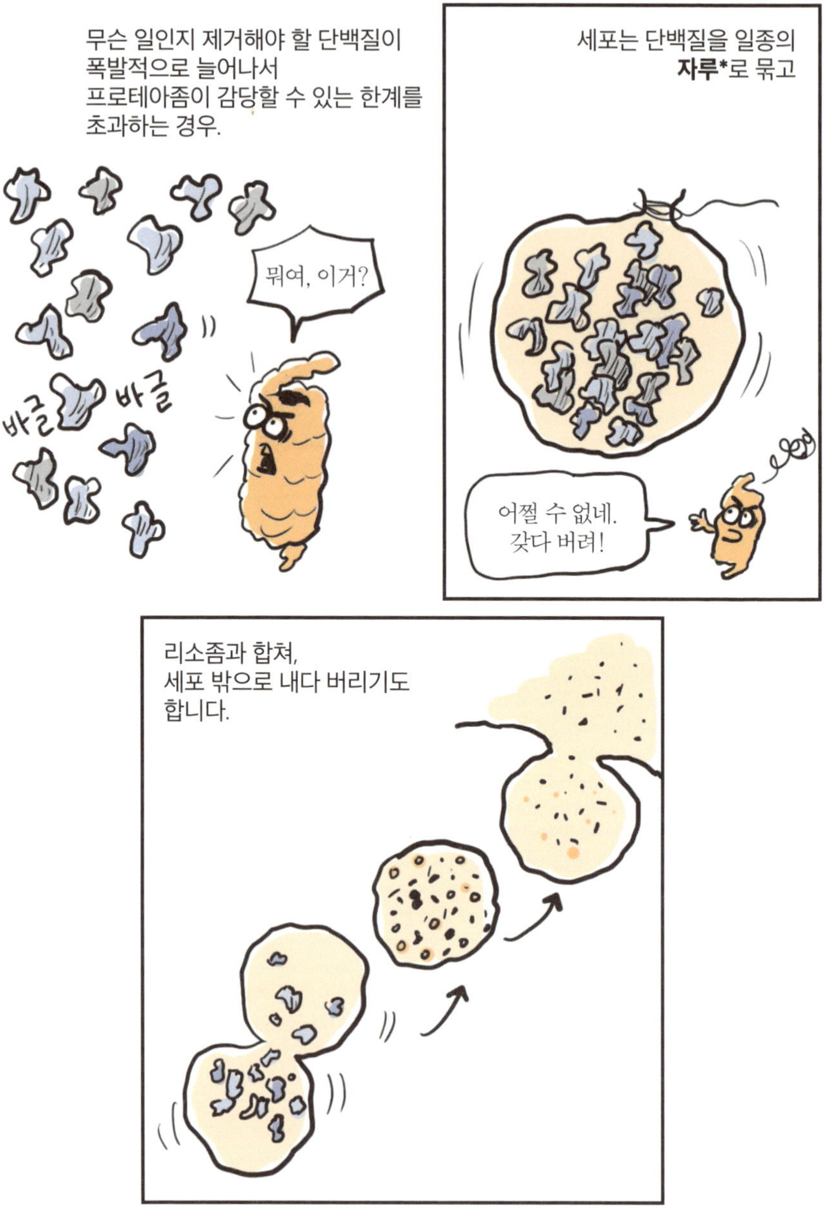

***자가소화포**autophagosome 세포 내의 노폐물이나 퇴행성 단백질 등을 제거하는 과정에서 생성되는 이중막 주머니.

암을 비롯해서 다양한 질병이 나타나기도 합니다.

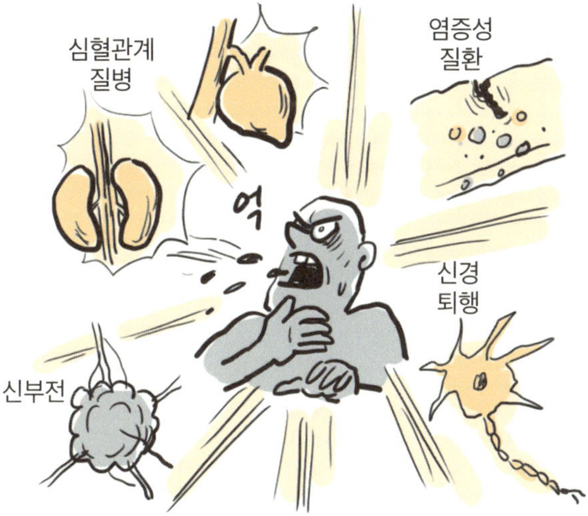

어떤 질병은 파기될 단백질이
계속 유지되어
생기기도 하고
일 안 하십니까?
뭐 하는 거예요~
어떤 질병은 파기되지 않아야 할
단백질이 제멋대로 파기되어
발생합니다.
노망 나셨어요?
나 아니에요!
만일 성공적인 프로테아좀
저해제가 만들어진다면
아~ 이 양반
진짜.
프로테아좀
저해제
파기되지 말아야 할 단백질이
파기되어 생기는 질병을 치료할
가능성이
생기는 겁니다.
놔라, 이놈아.

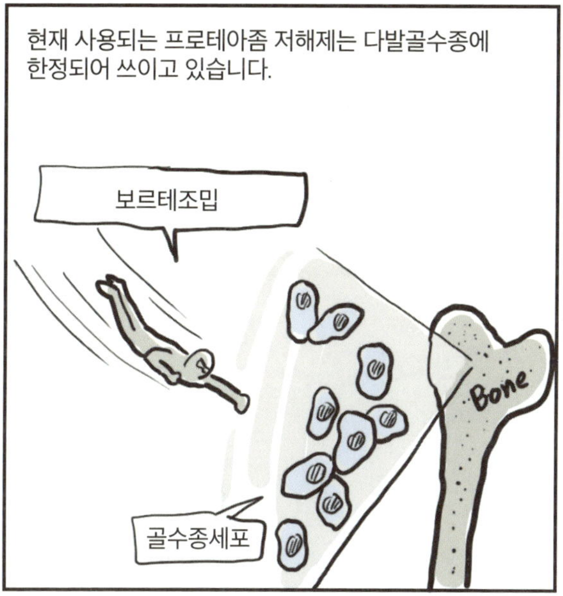

프로테아좀 저해제가 제한적으로 사용되는 이유…

프로테아좀 저해제에
예민하게 반응하는 다발골수종에
그나마 효과를
발휘하는 것이죠.

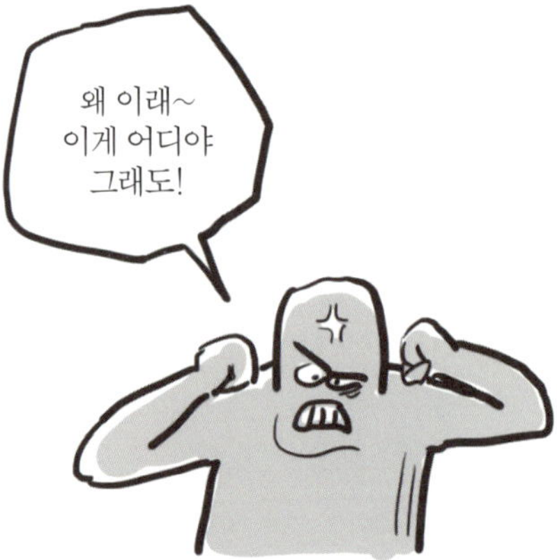

기존의 한계를 극복하는 새로운 프로테아좀
저해제가 개발됩니다.

이 녀석은 혈액 침착에 대한 부작용도
극복한 데다 안정성까지 겸비했어요.

다발골수종뿐만 아니라
고형암이나 자가면역질환 치료제로서의
잠재력까지 갖추었죠.
기대가 크네.
하하하.

프로테아좀의 문제로 인한 질병은
이미 살펴봤는데, 그중에서 특히
암… 아무래도
암에 관심이 가죠.
암, 그렇고 말고.

프로테아좀은 정상조직과 비교해서
대부분의 암조직에서
높게 발현됩니다.
똑바로 안 서나, 신병들~
뭐야. 우리 왜 이렇게 많아.

그런데 암세포에서 프로테아좀이
세포 증식을 유지시키고 사멸을 보호하는 핵 인자를
억제하는 단백질을 분해하고 있다는
연구 결과…
악~ 나 왜 여기 있는 건데!
암세포의 프로테아좀 저해가 필요.

이런 이유로 암을 연구하는
과학자들에게 프로테아좀은
좋은 타깃입니다.
저놈을 조지자~
지금까지 보르테조밉, 카필조밉,
익사조밉 등의
프로테아좀 저해제가 개발됐는데
Bortezomib
Carfilzomib
Ixazomib
솔직히 결과는 다소 실망…
실망 같은 소리
하고 있네.
너가 만들어 봐요,
그럼.
프로테아좀 저해제가 효과를
발휘하는 질병이
다발골수종뿐이라는 것도 그렇고…
맞자.

그래서 투약 중간에 휴식기를 가지거나
용량을 조절하는 방식으로
독성 부작용을 최소화하고 있습니다.

아~ 쫌! 주입도
안 했어요.
우리가 누군가? 응?
프로테아좀에 관한 한
세계 최고의 전문가
아니냐고!
프로테아좀 저해제의
한계를 돌파해 보자고~
yes!
과학자들은 프로테아좀의 세밀한
분자 구조에 대한 지식을
바탕으로 새로운 개념의
화학물질을 설계합니다.
우선 기존 프로테아좀 저해제에
왜 한계가 발생하는지를
철저히 분석하는 것부터
시작하자고요.
그렇지!

앞에서 말했듯이, 프로테아좀 저해제는
적혈구에 침착하는 경향이 있습니다.

목적지 조직에 침투하기 어렵다는 점에 더해
몸 여기저기로 이동하는 적혈구의 행동으로 인해 엉뚱한 지점에 도달해서
부작용을 일으키기 일쑤.

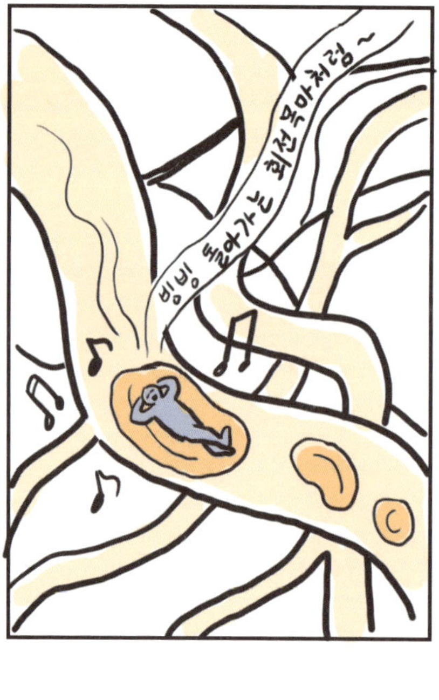

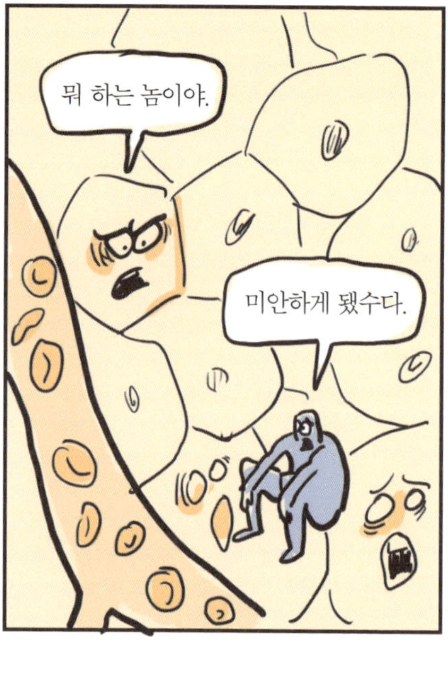

이상적인 저해제라면 적혈구보다는 혈장에 높은 농도로 존재함으로써, 조직으로 **농도기울기***에 의해 잘 이동하겠지만…

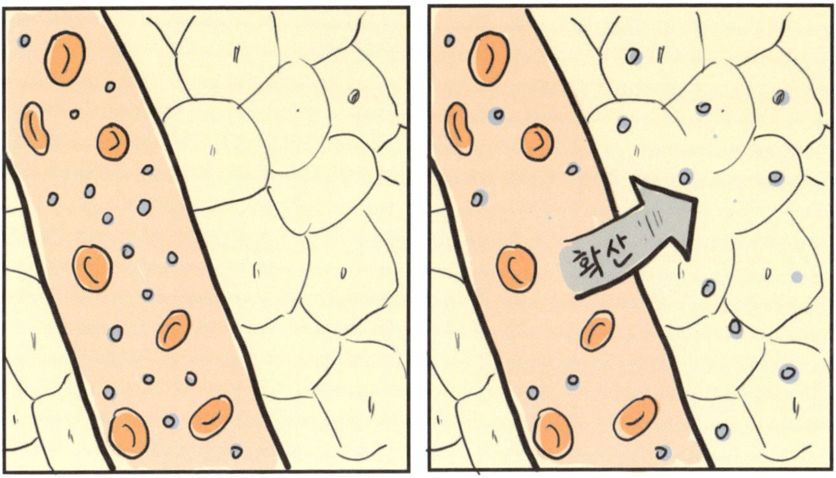
확산

1세대 프로테아좀 저해제는
이 문제를 깔끔하게 풀지 못했지요.

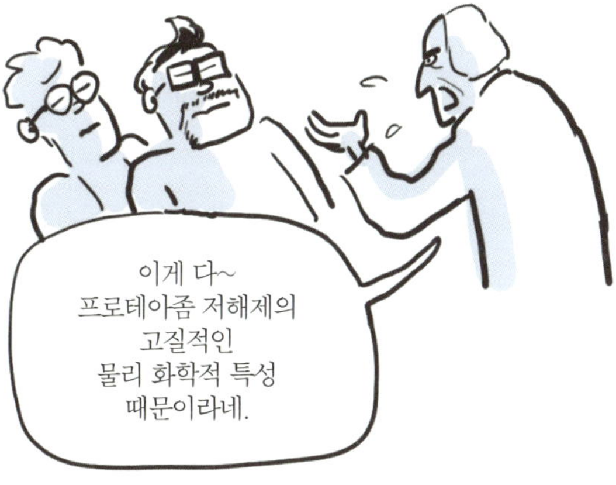
이게 다~
프로테아좀 저해제의
고질적인
물리 화학적 특성
때문이라네.

***농도기울기**concentration gradient 두 물질이 맞닿은 위치에서 농도가 서로 다를 경우 물질은 높은 농도에서 낮은 농도로 확산하는데, 이 현상을 지칭하는 말이다.

기존의 프로테아좀 저해제는 **보론산***을 기반으로 하고,
공유결합**으로 프로테아좀에 들러붙는
공통점을 가지고 있습니다.

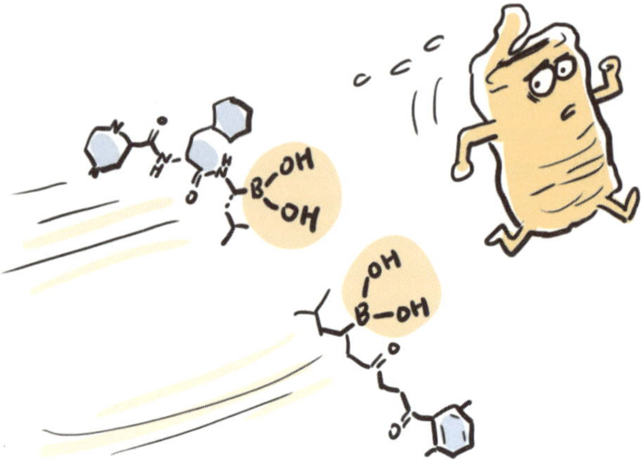

***보론산**boronic acid 화학식은 $B(OH)_3$. 프로테아좀에 결합해 활성을 억제하는 작용을 한다.
****공유결합**covalent bond 두 개의 원자가 서로 전자쌍을 형성, 공유함으로써 생기는 단단한 화학결합을 말한다.

새로운 세대의 프로테아좀 저해제가 될 화학물질은 우선…
적혈구 침착이 적고 조직 침투율이 높은
물성을 지녀야 합니다.

프로테아좀에 결합할 때
공유결합이 아니었으면
하고요.
Proteasome

부작용이 적고
안정성이 높아야 하죠.
안심하세요~

사실 프로테아좀 같은 거대 단백질 복합체를 저해하는
물질을 만든다는 것, 이건
매우 도전적인 과제입니다.

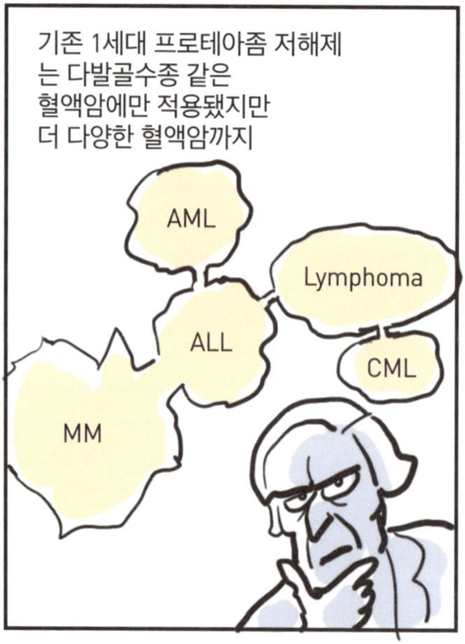

***고형암**solid cancer 일정한 경도와 형태를 지닌 악성 종양. 주로 백혈병, 다발골수종과 같은 혈액암과 구분하여 이르는 말이다.

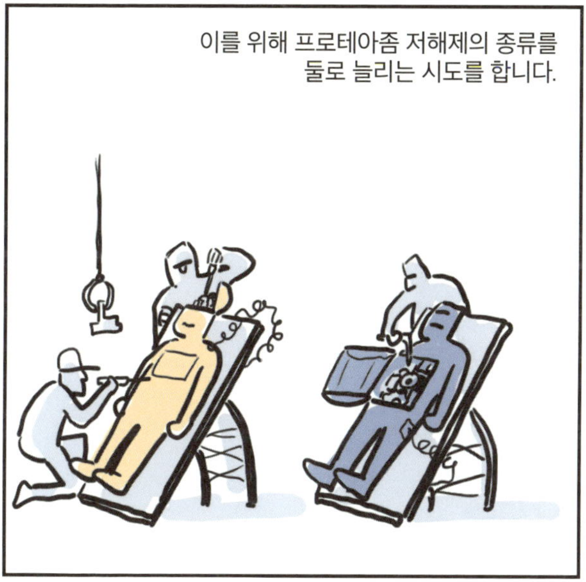

그중 첫 번째가 **면역세포에 특이적인 프로테아좀 저해제**

이것은 혈액암이나 자가면역질환에서 과도하게 증식된
면역세포의 프로테아좀을 타깃으로 합니다.

두 번째 프로테아좀 저해제는 면역세포 외에
일반적인 세포의 프로테아좀을
타깃으로 합니다.

이 프로테아좀 저해제는
고형암 치료제가
될 수 있겠죠.

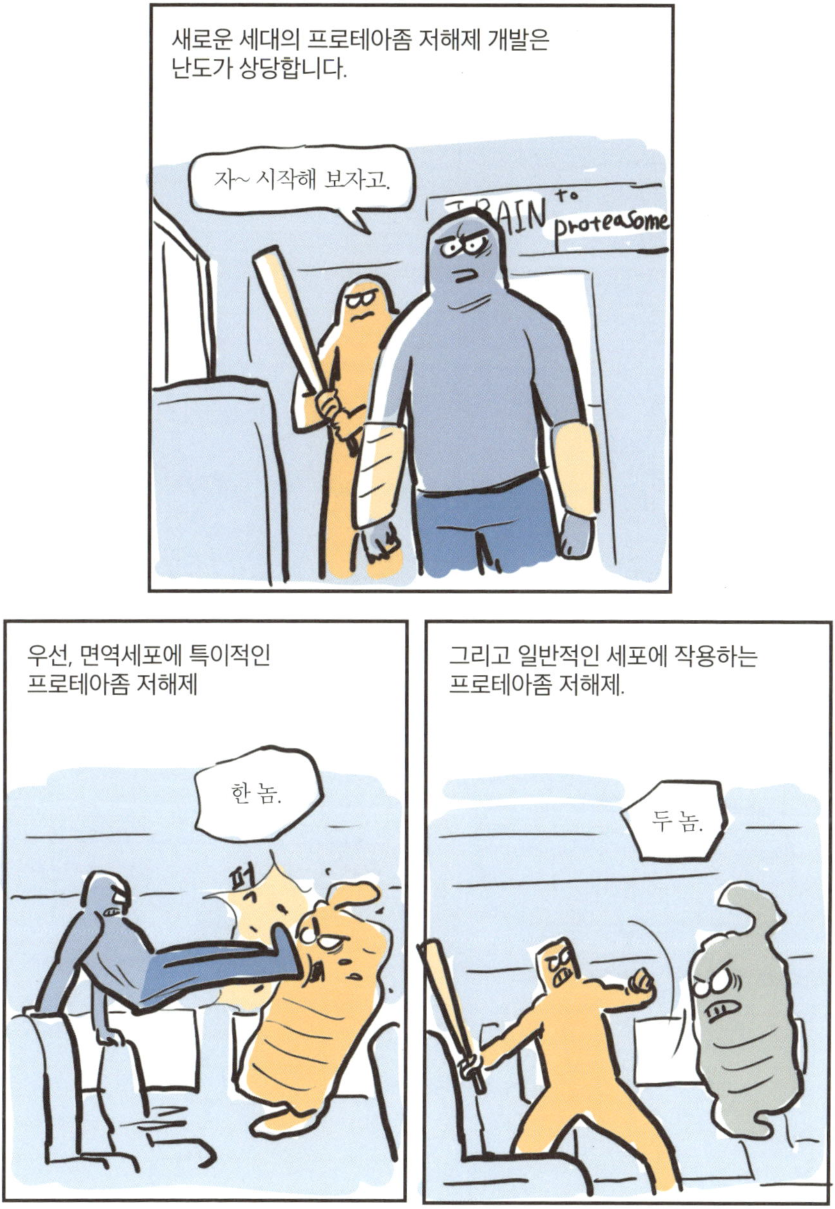
새로운 세대의 프로테아좀 저해제 개발은
난도가 상당합니다.
자~ 시작해 보자고.
TRAIN to proteasome
우선, 면역세포에 특이적인
프로테아좀 저해제
한 놈.
퍽
그리고 일반적인 세포에 작용하는
프로테아좀 저해제.
두 놈.

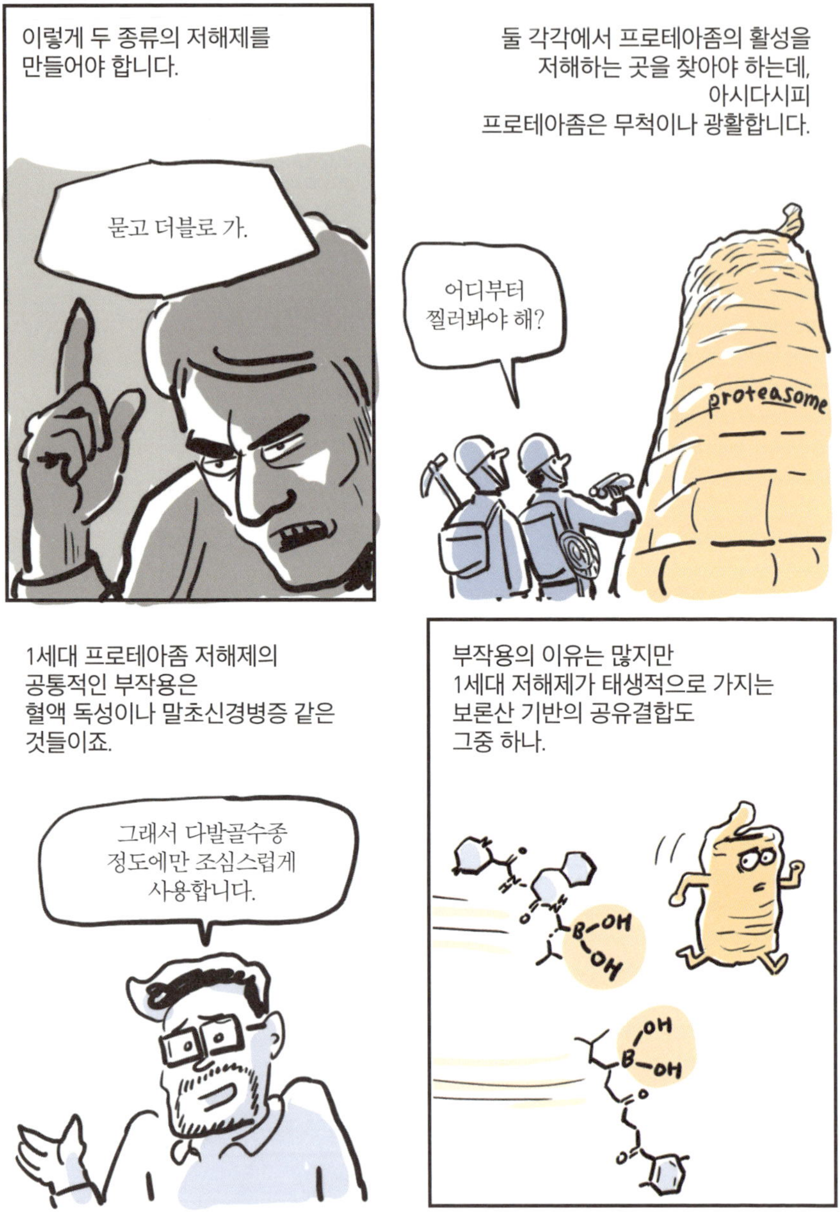
이렇게 두 종류의 저해제를 만들어야 합니다.
묻고 더블로 가.
둘 각각에서 프로테아좀의 활성을 저해하는 곳을 찾아야 하는데, 아시다시피 프로테아좀은 무척이나 광활합니다.
어디부터 찔러봐야 해?
proteasome
1세대 프로테아좀 저해제의 공통적인 부작용은 혈액 독성이나 말초신경병증 같은 것들이죠.
그래서 다발골수종 정도에만 조심스럽게 사용합니다.
부작용의 이유는 많지만 1세대 저해제가 태생적으로 가지는 보론산 기반의 공유결합도 그중 하나.
B-OH
OH
OH
B-OH

새로운 프로테아좀 저해제라면 과감히 비공유결합 구조를 시도해야 할 것입니다.
좀 어려운 내용이죠. 비공유결합이라면 공유결합을 제외한 이온결합, 수소결합, 반데르발스 힘 등을 말하는데… 그냥 넘어갑시다~
공유전자쌍
수소원자
수소원자
수소분자
이게 공유결합! 이것 말고 다른 결합이라는…
꿀꺽
새로운 세대의 프로테아좀 저해제는 열거한 조건을 충족해야 하죠.
이걸 만들어 오게.
저기…
요구서
불굴의 노력으로 수만 개의 물질 중에서 조건을 만족하는 물질의 범위는 거듭 좁혀집니다.
무궁화 꽃이…
휙
피었습니다.

수만 개의 물질 중에서 조건을 우수한 성적으로 만족하는 물질의 수는 급격히 줄어들고…

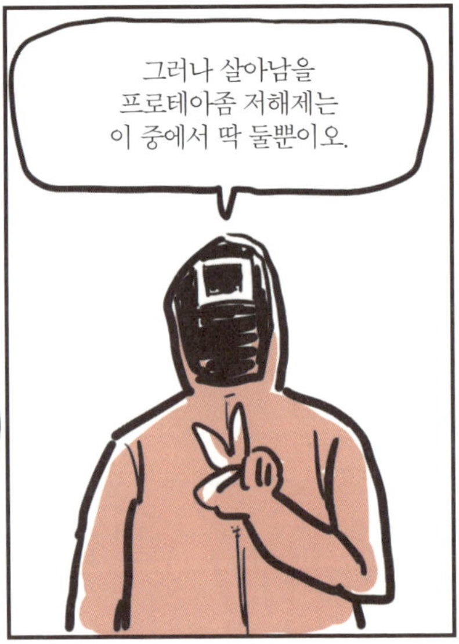

우리가 만든 프로테아좀 저해제는 말이야. '보물 상자'가 될 거네.
프로테아좀 저해제
다발골수종이 문젠가?!
그거 말고도 다양한 혈액암과 자가면역질환에 고형암까지…
고형암
혈액암
자가면역질환
이 녀석이 할 수 있는 일이 무궁무진하다니까.

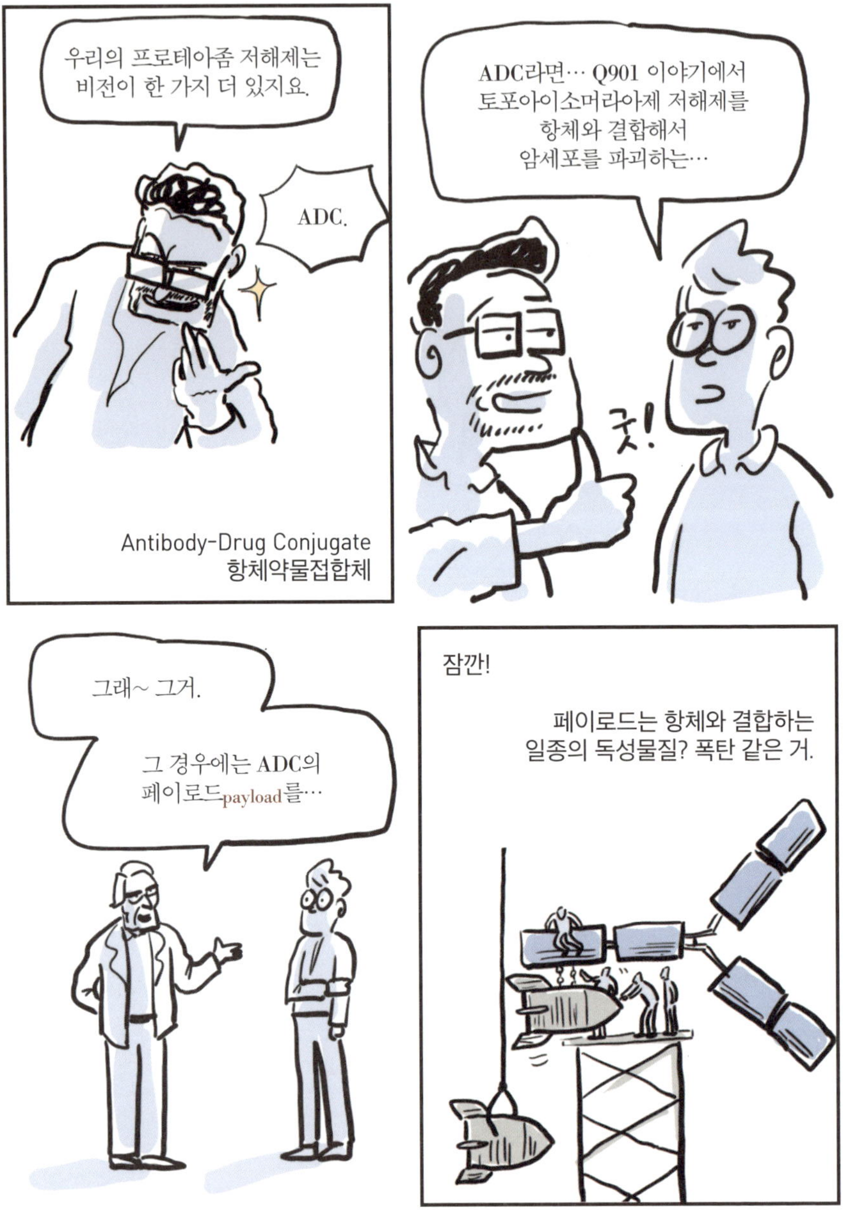
우리의 프로테아좀 저해제는 비전이 한 가지 더 있지요.
ADC.
Antibody-Drug Conjugate
항체약물접합체
ADC라면… Q901 이야기에서 토포아이소머라아제 저해제를 항체와 결합해서 암세포를 파괴하는…
굿!
그래~ 그거.
그 경우에는 ADC의 페이로드payload를…
잠깐!
페이로드는 항체와 결합하는 일종의 독성물질? 폭탄 같은 거.

그때는 페이로드로
토포아이소머라아제 저해제를
썼다면…

우린 프로테아좀 저해제를
쓰는 거지.

토포아이소머라아제 저해제가
암세포에 특화된 독성물질이
될 수 있는 것처럼
프로테아좀 저해제 역시 암세포에
효과적인 독성물질이 될 테니…

뒈졌어~
얘네들은 암세포 파괴 임무용.
Tumor

프로테아좀 저해제 입장에서
ADC는 날개를 다는 격.

특히 두 종류의 프로테아좀 저해제 중
일반적인 세포에 작용하는
프로테아좀 저해제에
ADC는 굉장한 의미가 있습니다.

너가 쓰는 게 맞지.

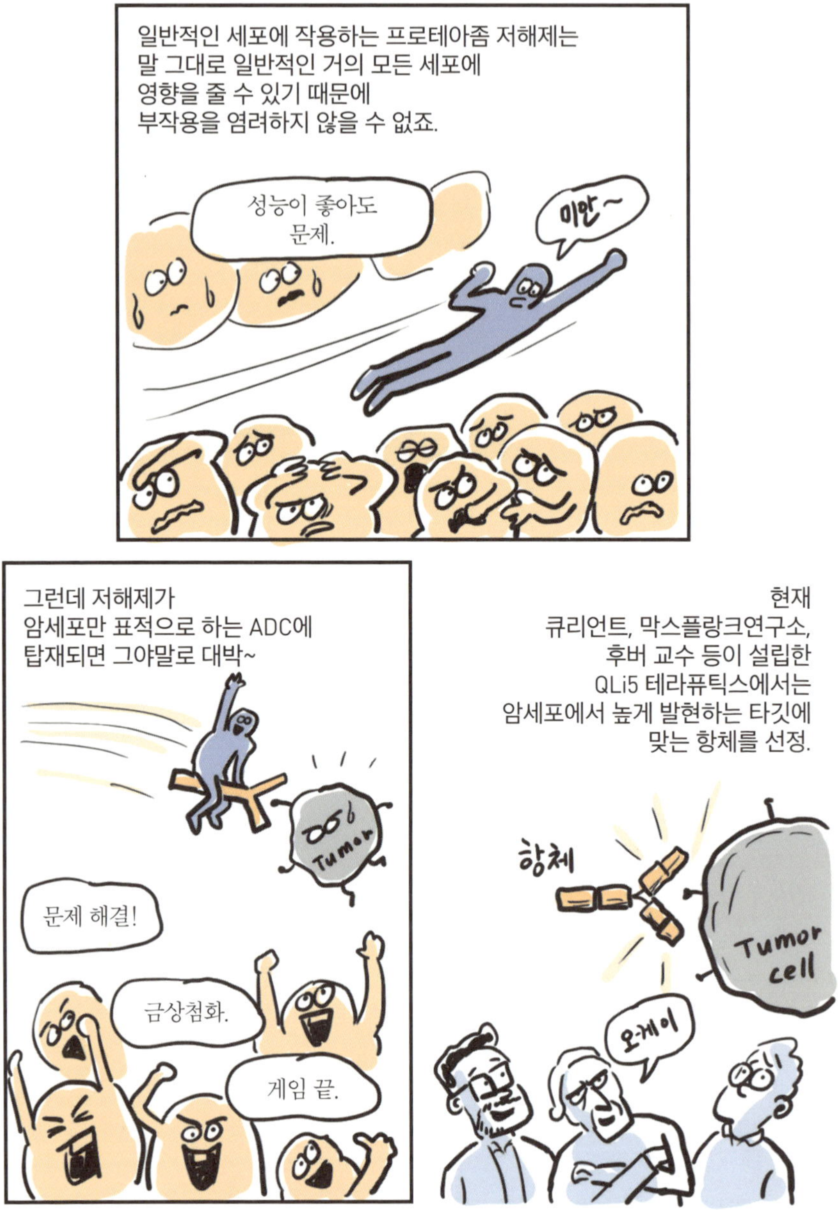
일반적인 세포에 작용하는 프로테아좀 저해제는
말 그대로 일반적인 거의 모든 세포에
영향을 줄 수 있기 때문에
부작용을 염려하지 않을 수 없죠.
성능이 좋아도 문제.
미안~
그런데 저해제가
암세포만 표적으로 하는 ADC에
탑재되면 그야말로 대박~
Tumor
문제 해결!
금상첨화.
게임 끝.
현재
큐리언트, 막스플랑크연구소,
후버 교수 등이 설립한
QLi5 테라퓨틱스에서는
암세포에서 높게 발현하는 타깃에
맞는 항체를 선정.
항체
Tumor cell
오케이

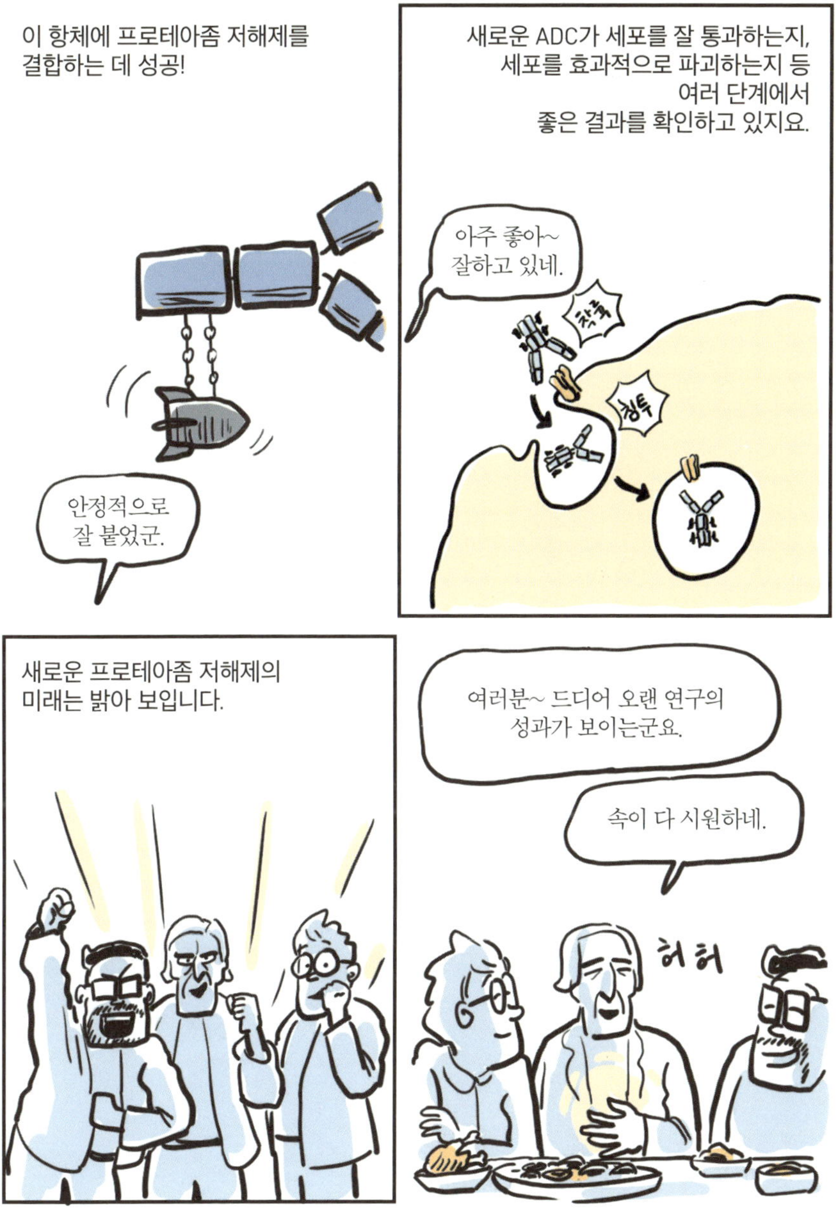
이 항체에 프로테아좀 저해제를
결합하는 데 성공!
안정적으로
잘 붙었군.
새로운 ADC가 세포를 잘 통과하는지,
세포를 효과적으로 파괴하는지 등
여러 단계에서
좋은 결과를 확인하고 있지요.
아주 좋아~
잘하고 있네.
착륙
침투
새로운 프로테아좀 저해제의
미래는 밝아 보입니다.
여러분~ 드디어 오랜 연구의
성과가 보이는군요.
속이 다 시원하네.
허허

4 결핵은 사라지지 않았다, 혁신 신약의 탄생을 향해

결핵균

매년 전 세계 100만 명
이상의 사람을 사망하게 하는
결핵 병원균.

TB얼라이언스

결핵 치료제 개발을 위해 설립된
비영리 국제기구.

텔라세벡

페노믹스크린

한국파스퇴르연구소의
인공지능
약효 탐색 시스템.

텔라세벡

국내 바이오테크
기업의
결핵 치료제.

의심 많은 아이

바이오 아저씨와 조 작가에게 붙들려
결핵의 역사와
결핵 치료제의 원리를 듣게 된다.

4

지금까지 항암제를 다뤘다면 이번에는 소재를 바꿔 결핵 치료제에 대해 이야기해 보겠습니다. 막스플랑크연구소, 한국파스퇴르연구소, 바이오테크 회사로 연구가 이어진 텔라세벡이라는 결핵 치료제입니다. 결과물도 대단하지만 개발 과정이 매우 흥미롭고 의미가 있어 마지막 장을 할애했습니다.

의약품 탄생 과정에는 저마다의 기승전결이 있습니다. 어떤 약품은 과학의 전형적 공식을 따릅니다. 이론적 배경을 토대로 목표를 설정해 개발이 진행되고, 실험과 검증을 거쳐 실제 약품으로 완성되죠. 전형적인 순서를 밟지 않는 경우도 흔히 볼 수 있습니다. 그래서 본래의 목표는 온데간데없고 엉뚱한 약이 만들어지기도 합니다.

대표적인 예가 비아그라입니다. 비아그라의 원료인 실데나필은 협심증을 치료하기 위한 약제였습니다. 하지만 부작용을 관찰하던 중 모두가 알고 있는 흥미로운 현상이 뚜렷하게 나타났습니다. 1998년 제약 회사 화이자에서 이를 비가르vigar, 정력와 나이아가라Niagara, 나이아가라폭포를 합성한 비아그라Viagra라는 다소 세속적인 상품명으로 세상에 내놓았고, 출시 2년 만에 무려 10억 달러를 벌어들였습니다.

비아그라 사례와 같은 개발 과정은 연구자들이 약을 만들기 위해 이용하는 하나의 방법이기도 합니다. 작용 기전을 몰라도 일단 잘 듣는 약을 먼저 찾기 시작하는 겁니다. 개발 초기에는 어떻게 작용하는지 감조차 잡지 못해도 장님 코끼리 만지는 식으로 닥치는 대로 시도해 봅니다. 이런 방식을 취한다 해도 누구도 우습게 보는 일은 없습니다. 훌륭한 약을 만들 수만 있다면 오히려 온갖 창의적인 방식이 동원해야 하죠. 다양한 접근 방식이 종종 새로운 발견을 낳기도 합니다. 기존과 전혀 다른 새로운 방식의 기전을 가진 약이 탄생하는 것이죠. 그야말로 혁신이라고 할 수 있습니다. 그래서 새로운 기전을 갖는 최초의 약을 혁신 신약이라고 하고, 이는 어마어마한 가치를 가집니다. 이번 장에서는 국내 연구진이 창의적 개발 방식을 활용해 혁신 신약을 발굴해 내는 과정을 자세히 들여다보고자 합니다.

그런데 이 글을 읽는 여러분은 의아할지도 모르겠습니다. 결핵이 이미 종식됐다고 생각할 테니까요. 결핵에 걸린다 해도 쉽게 치료할 수 있을 거라 여길 수도 있을 겁니다. 반은 맞고 반은 틀렸습니다. 전 세계로 시선을 돌리면 결핵 발병률과 사망률은 여전히 높습니다. 왜 우리에겐 그 사실이 어색하게 느껴질까요? 그건 선진국과 그 외 국가의 차이가 크기 때문입니다.

의약품 개발은 거대 자본과 수많은 전문 인력을 필요로 하는 일입니다. 아무래도 선진국 위주로 개발이 진행될 수밖에 없습니다. 하지만 결핵 발병이 낮은 미국 등 선진국에서는 결핵 치료제 개발이 우선순위에서 한참 밀려나 있습니다. 결핵으로 고통받는 수많은 나라의 국민을 생각하면 슬픈기만 한 이야기죠. 다행히도 자본의 논리에만 따르지 않는 국제기구나 제도가 있습니다. 제약 회사들이 희귀병 치료제 개발에 뛰어들 수 있도록 동기를 제공하는 장치를 마련해 둔 것이죠.

소개하는 이야기에는 이들이 모두 등장합니다. 과학의 우연한 발견, 바이오테크의 도전적 시도, 약이 만들어지는 과정, 그리고 혁신 신약의 탄생까지. 희귀병 치료제 개발을 둘러싼 흥미진진한 세계로 함께 다가가 보시죠.

바이오테크 익스프레스

***세계보건기구**World Health Organization, WHO 보건 분야 국제 협력을 위해 설립한 UN 산하 기구.

세계 인구의 약 4분의 1이
결핵 감염자
1/4
증상이 없을 뿐이지
감염자일 확률이 매우 높다는 말…
매년 1,000만 명에 가까운
신규 환자 발생
증세가 나타났을 때
적절한 치료가 없으면
높은 확률로 사망
20초마다 한 명이
결핵으로 사망
꺄
요즘 그렇다는 겁니다.
옛날이 아니고!
결핵이라는 병은
인류의 출현과 함께 시작했던
것으로 보입니다.
징글징글하다.
결핵

고대 이집트 미라의 척추뼈에
결핵의 전형적인 흔적이
남아 있다고 하죠.
대단한데?
어떻게 알았음?
결핵이 얼마나 무서운 병이었냐!
1800년대 초까지 결핵으로
유럽 인구의 4분의 1이 죽었다는
보고가 있습니다.
그때는 발병 원인도 모른 채
그저 신이 내린
무서운 형벌로 인식됐겠죠.
결핵에 걸리면
피부가 창백해지고 붉게 물들며
몸은 야위어져 갑니다.
딱 봐도
아파 보여요.
닥쳐라…

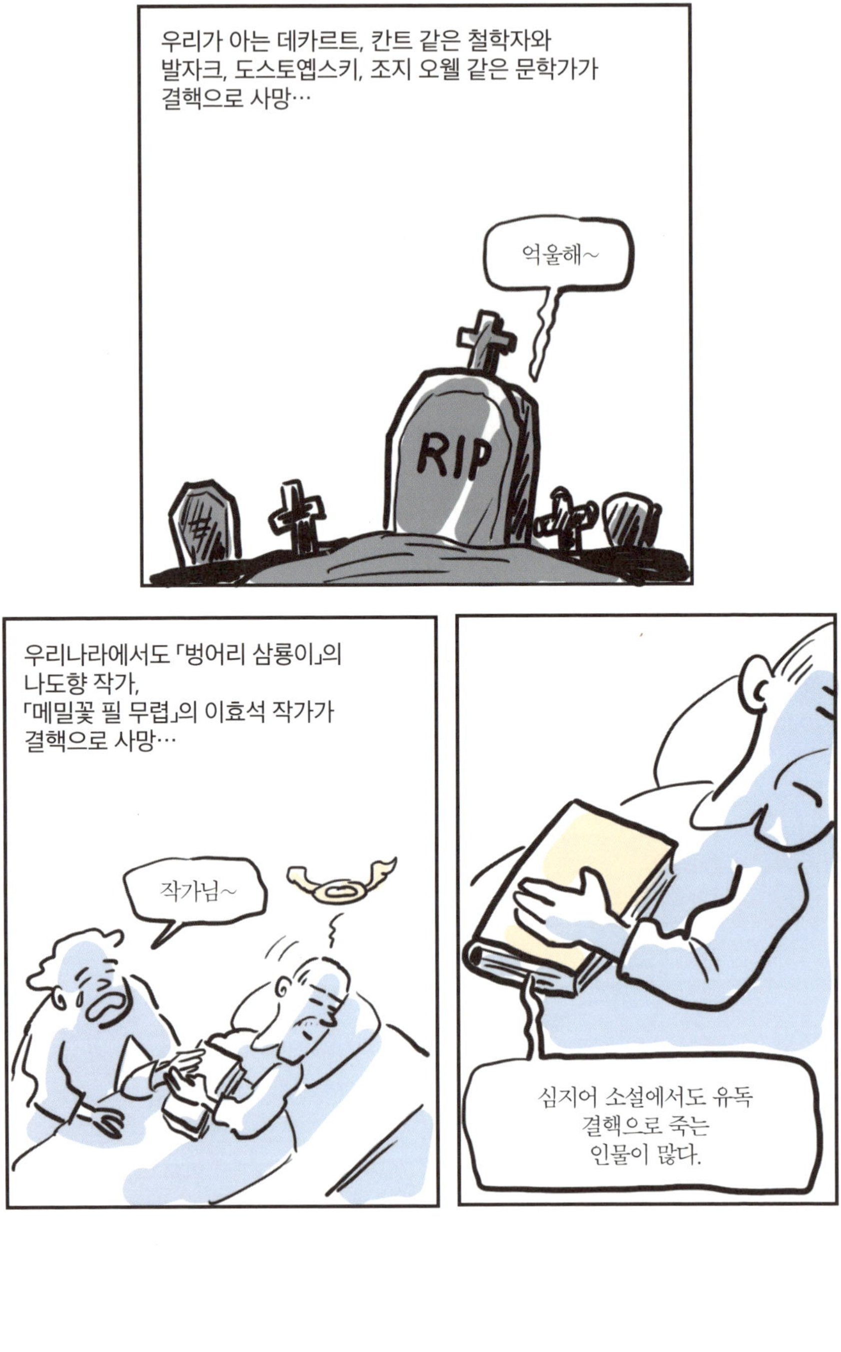
우리가 아는 데카르트, 칸트 같은 철학자와
발자크, 도스토옙스키, 조지 오웰 같은 문학가가
결핵으로 사망…
억울해~
RIP
우리나라에서도 「벙어리 삼룡이」의
나도향 작가,
「메밀꽃 필 무렵」의 이효석 작가가
결핵으로 사망…
작가님~
심지어 소설에서도 유독
결핵으로 죽는
인물이 많다.

황순원의 「소나기」에는
서울에서 온 새침한 여자아이가
등장하죠.
안타깝게도 결핵으로
죽…
비련의 여주인공과 결핵은 뭔가
잘 어울리는 느낌이 있죠.
흑사병 같은 병은 결핵과 달리
3일 안에
죽는다는…
콜레라는
심한 설사 뒤에
사망하고.
이건 좀 아닌 듯함.

사실 누구나 걸릴 수 있지만, 아무래도
영양 상태가 안 좋고 면역력이 약한 사람일수록
결핵에 취약합니다.
결핵tuberculosis
그러니 예술가를 막론하고
가난한 사람들이
결핵에 잘 걸렸죠.

오늘날에도 이런 이유로
저개발 국가에서 결핵 피해가
큽니다.

서구권에서는
사람들의 삶이 윤택해지면서
영양과 위생 상태가 호전되었고,
결핵의 위력은
점차 줄어들었습니다.

결핵이 아니라도 잘 먹고 잘 씻고 잘 쉬는 것이
질병 퇴치에는 장땡입니다.
밥은 잘 먹고 다니냐! 집 청소는 잘 하고?

그래도 무엇보다 결핵 퇴치의
일등 공신은
다름 아닌 항생제의 발명!

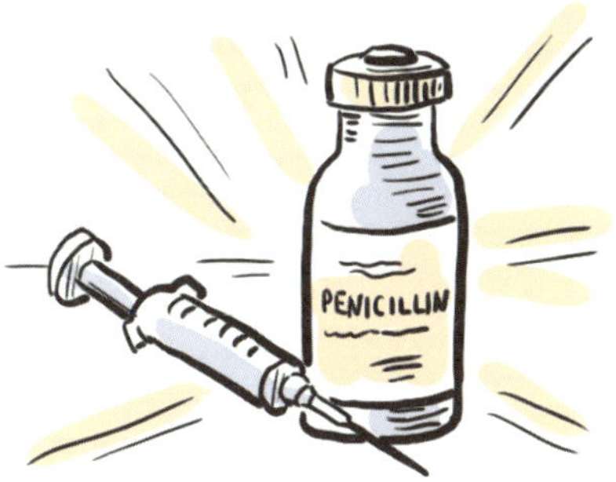

페니실린이라는
최초의 항생제가 나온 후
여러 항생제가
연이어 등장했는데

때마침 일어난 세계대전에서
수많은 부상 병사들을 살려냈고
또 수많은 감염 질병에서
사람들을 살려냈죠.

경배하라, 항생제~

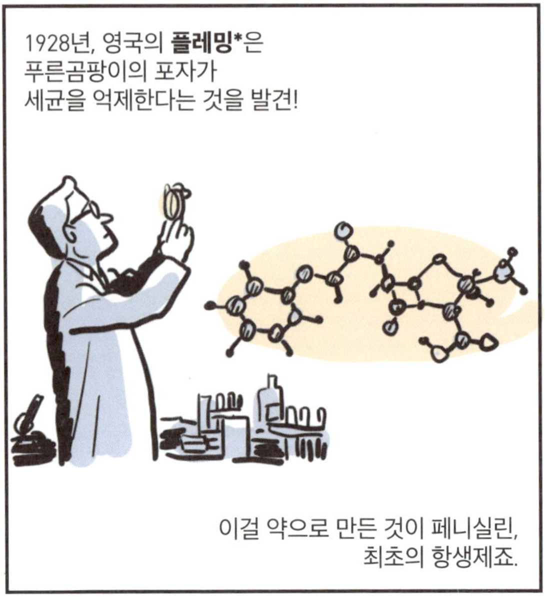
1928년, 영국의 **플레밍***은
푸른곰팡이의 포자가
세균을 억제한다는 것을 발견!
이걸 약으로 만든 것이 페니실린,
최초의 항생제죠.

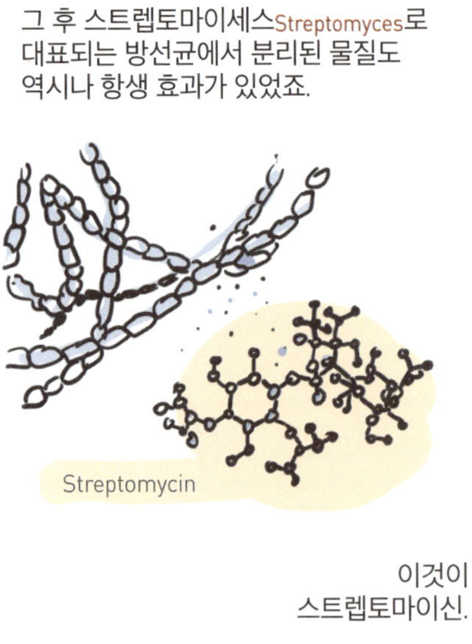
그 후 스트렙토마이세스Streptomyces로
대표되는 방선균에서 분리된 물질도
역시나 항생 효과가 있었죠.
Streptomycin
이것이
스트렙토마이신.

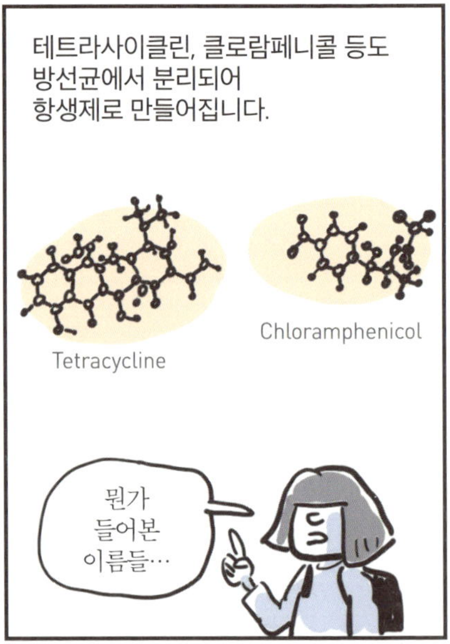

테트라사이클린, 클로람페니콜 등도

항생제로 만들어집니다.
Tetracycline
Chloramphenicol

***알렉산더 플레밍**Alexander Fleming, 1881~1955 영국의 생명공학자이자 세균학자. 페니실린을 발견한 공로로 1945년 노벨 생리의학상을 수상했다.

왜?… 왜 푸른곰팡이나 방선균은
사람을 살리는 항생물질을
가지고 있지?
영특하지 않아?

니들 좋으라고
만든 거 아니다!
나 살자고
그런 거야.

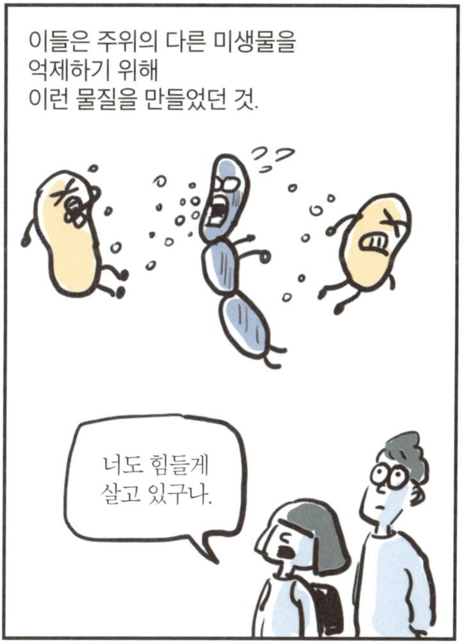
이들은 주위의 다른 미생물을
억제하기 위해
이런 물질을 만들었던 것.
너도 힘들게
살고 있구나.

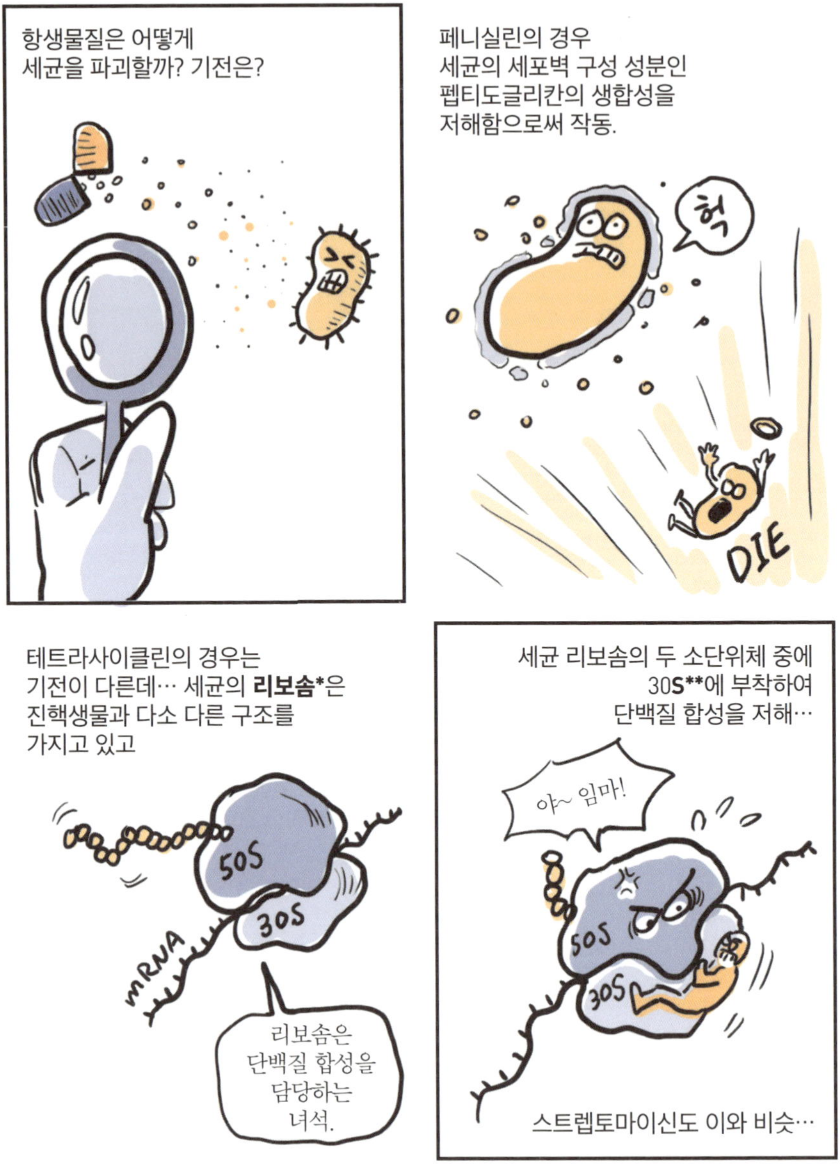

***리보솜**ribosome 큰 소단위체와 작은 소단위체로 분리되어 있는 리보솜은 리보솜 RNArRNA와 단백질로 구성된 복합체다. 세포질 안을 떠다니며 소포체, 핵막에도 다수 부착되어 있다. 아미노산을 연결하는 과정, 즉 번역(단백질 합성)을 담당한다. 원핵생물과 진핵생물의 리보솜은 분자 구성에 차이가 있어 원핵생물인 세균의 리보솜만 공격하는 항생제가 만들어질 수 있었다. ****S** 리보솜의 크기를 측정하는 단위이며, 침강 계수(svedberg unit: $1S=10^{-13}$초)를 의미한다. 진핵생물의 경우는 60S(큰 소단위체)와 40S(작은 소단위체)가 모여 80S 구조체를 이루고, 원핵생물의 경우는 50S와 30S가 모여 70S 구조를 형성한다.

***루이 파스퇴르**Louis Pasteur, 1822~1895 프랑스의 세균학자. 백신의 원리를 개발했으며, 질병과 미생물의 관계를 밝혀 코흐와 함께 세균학의 아버지로 불린다. ****로베르트 코흐**Heinrich Hermann Robert Koch, 1843~1910 독일의 세균학자. 결핵뿐만 아니라 콜레라, 탄저병의 병원균을 발견했다. 1882년 결핵균을 발견한 공로를 인정받아 1905년 노벨 생리의학상을 수상했다.

결핵균은 숙주의
대식세포 내에서 생존하는
세포 내 병원성균입니다.

이렇게 물러터져 보이는 결핵균의 특성상
감염되더라도 증상이 천천히 나타나죠.
면역이 제대로 일을 하면
증상이 전혀 없고.

그러나 결핵균이 왕성히 활동할 수 있는
여건이 되면…
얘가 무서워집니다.

면역세포와 결핵균이
염증 반응을 일으켜
고름이 생기고

활동성 결핵 환자가 기침을 하면 발생하는
미세한 침방울 안의 결핵균이
다른 사람의 호흡기로 들어가 재차 감염을 유발…
에 취~
아 빌립 아 캔
플라이~

폐에 염증이 심해지면 기침할 때
고름과 가래균이 섞인 피가 나오기도 하죠.
피?!
결핵?
양치 안 해서 피 나는 거 아니고?
결핵은 환자 스스로 진단하기가
쉽지 않습니다. 보통은 기침과 가래,
약간의 발열 같은 증상.
요즘 담배를 많이 피워서 그런가?
감기인가?
뭔가 심상치 않음을 직감하고
병원으로…

병원에서는 결핵 여부를 확인하기 위해 여러 진단과 검사를 실시합니다.

검사 항목은 추가될 수 있지만 보통 엑스레이를 찍어보면
결핵 여부를 확인할 수 있죠.

자~ 앞으로 이소니아지드, 리팜피신 등을 포함하는 항생제를 6개월 정도 복용합시다.
• Isoniazid(INH)
• Rifampicin(RIF)
• Pyrazinamide(PZA)
• Ethambutol(EMB)
6··· 6개월요?
항생제 그렇게 많이 먹어도 탈 안 납니까?

그럼 안 먹고
죽으시게요?
뭐… 환자분 선택입니다.
확실히 낫는 거죠?
치료에 '확실히'라는
단어는 없습니다.
함 봅시다.
Let's find out!

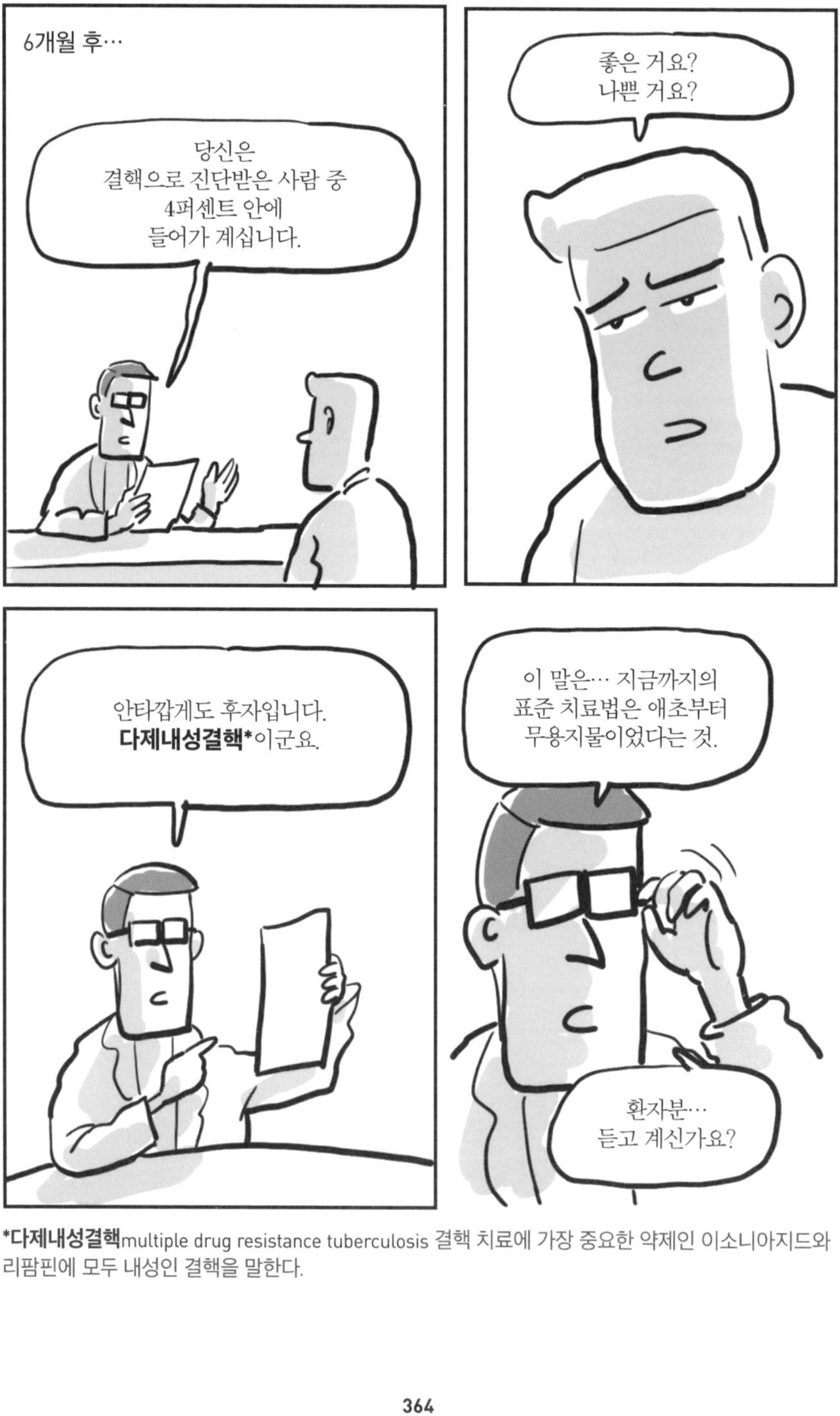

***다제내성결핵**multiple drug resistance tuberculosis 결핵 치료에 가장 중요한 약제인 이소니아지드와 리팜핀에 모두 내성인 결핵을 말한다.

계속하세요.
지금부터는 다른 치료법을 적용합니다. 주사제 여섯 가지를 포함한 여러 항생제를~
24개월~ 딱 24개월 동안 투여합니다.
하… 24개월…
그럼 낫는 거요? 의사 양반.
완치율은 일반 결핵보다는 현저히 낮습니다. '낫는다'는 게 아니라 '낮다'는 말입니다. 완치율이.

다제내성결핵이기 때문이죠.
저는 팩트를 전달하는 겁니다.
환자분 입장에서는 속상하실 수 있지만 애초에 환자분의 결핵은 다제내성결핵이었다는 것… 운이 없었다고 할 수 있습니다.
설명 다 끝났어요?
끝입니다.
저는 팩트만을 전달합니…

야, 이 자식아~
어허~ 환자분 고개 돌리시고요.
좌절은 노 노~
우리 한번 해봅시다. 같이 극복해 보는 겁니다.
우리? 너가 항생제 먹냐?

방금은 **약제감수성테스트**도 하지 않아서
내성결핵 환자에게 있어
최악의 상황을 재현한 것입니다.
진단 후에 이미 6개월이나 지났으니
큰일이죠.

이와 달리 결핵으로 판정받고
약제감수성테스트를 조기에 실시,
마침 다제내성결핵으로 판정받았다면
빠르고 적절한 결핵 치료법으로
전환할 수
있었을 거예요.

그러나… 약제감수성테스트는
환자의 가래를 채취하여
배양하면서
여러 종류의 약에
반응하는 정도를
관찰해야 하는 방식.
여간 번거로운 작업이
아닙니다.

문제는 또 있습니다. 결핵으로 진단받은 후 2개월 정도
약을 꾸준히 복용해야 하는데
환자가 이를 어기는 경우가 빈번하다는 것.

한동안 약을 먹고
결핵 증상이 완화되는 것을 느끼면
약 복용을 중단하거나 게을리하는 경우가
비일비재합니다.

결핵은 이를 놓칠세라
내성결핵으로 변모하기
시작하죠.

약을 오랫동안 꾸준히
먹는 것이
쉬운 일은 아닙니다.

이처럼 현재 결핵 치료에는
취약점이 존재합니다.
개선할 부분은 명확하죠.
첫째, 결핵 확진 후 약제감수성테스트 없이
바로 효과를 내는 약이 절실!
이거나 먹어요.
나으실 겁니다.

둘째, 24개월에 달하는 긴 시간 말고,
짧게 먹는 약이 필요하다!
그렇지.

***프레토마니드**Pretomanid 다제내성결핵 환자에게 사용되는 결핵 신약.

***약제내성결핵**drug-resistant tuberculosis 한 가지 이상의 결핵 치료약에 내성균을 배출하는 경우를 말하며, 다제내성결핵과 광범위내성결핵 등을 포함한다.

셋째, 약제내성결핵이나 다제내성결핵의 치료 기간, 무려 20개월에 달하던 치료 기간을 6개월에서 9개월로 단축하라.
말해 뭐 해? 기간을 줄여야지~
근데요… 치료 기간 줄이면 안 낫는 거 아니에요?
줄여달라며.
낫는 게 중요하잖아.
어쩌라고! 나도 몰라.

분명히 결핵 치료는 예전보다
개선되고 있지만…
더 근본적인 해결책이
절실합니다.

딱 먹기만 하면,
감기약처럼
짧은 기간 먹기만 하면!
결핵이 바로 치료되는
그런 신약을 개발하는 것!
약제감수성테스트
그런 거 없이…

허허허… 너무 과한 바람 아니오.
과학자들 안 만들고 뭐 해요. 뭐 하냐고~
아… 이 사람들 무식한 소릴… 얘기를 말아야지….
누가 안 만들고 싶냐고, 그런 약을!

그나마 **얀센****에서 개발한 **베다퀼린*****이
40년 만의 첫 번째 결핵 신약으로
허가됐을 정도로
결핵 치료제 개발은 참담했습니다.

***노바티스**Novartis 1996년 시바 가이기Ciba-Geigy와 산도즈Sandoz의 합병으로 설립된 스위스의 글로벌 제약 회사. 심혈관, 면역, 신경, 종양 관련 의약품 개발이 주요 분야다. ****얀센**Janssen Pharmaceuticals 1953년 파울 얀센Paul Janssen이 창립한 벨기에의 글로벌 제약 회사. 1961년 미국 존슨앤드존슨에 인수됐으며, 2023년 9월부터 존슨앤드존슨 이노베이티브 메디신JohnsonJohnson Innovative Medicine으로 사명이 변경됐다. *****베다퀼린**Bedaquiline 다제내성결핵 환자에게 사용되는 결핵 신약.

아까 언급한, 우리나라 질병청에서도
우선적으로 투입할 약으로 지정한
프레토마니드라는 신약은
노바티스에서 개발하다가…
헥 헥
Novartis

국제기구 TB얼라이언스TB Alliance에서 바통을 이어받아
개발하고 있으며
TB

현재 조건부 허가를 받은
상태입니다.
해낸 듯~
TB

TB얼라이언스: 저렴하고 효과적인
결핵 치료제를 개발하기 위해 2000년에 설립된
비영리 국제기구.
결핵 뒤졌쓰~
베다퀼린도 현재
TB얼라이언스와의 파트너십을 통해
추가적인 개발이
이어지고 있습니다.
열일 중.
TB얼라이언스는 베다퀼린을
완성하기 위해, 최초 개발사 얀센에서
투자한 금액의 두 배 이상을
쏟아붓고 있는 실정이죠.
빌어먹을…
너무하잖아 이거~

결핵 치료제 개발은…
제아무리 날고 기는 글로벌 제약 회사라고 해도
혼자서 감당할 수 없는 과제였다는 사실을
알게 된 것이죠.

코로나? 코로나
되게 무서워하더라.
내가 우습냐?!
결핵
그렇다고 결핵 치료제 개발에
손을 놓을 수도
없는 노릇입니다.
당장 보더라도 결핵은
전 세계 인구의 4분의 1을
감염시키고 있고,
매년 140만 명을 죽게 합니다.
안타까운 사실은
대부분의 결핵 환자는
개발도상국에서
발생하고 있다는 것입니다.
WHO에 따르면 결핵 발병률과
소득 수준은 분명하게
반비례합니다.
우리나라 발병률은
2021년 기준
10만 명당 45명.
가봉, 북한 등에서는
10만 명당 500명 이상.
수령 동지,
반성하시오…

결핵 치료는 인류의 보편적 의학 복지를 위해
국제적인 이해와 협력을 필요로 합니다.

결핵 치료제를
개발했습니다.
누구신지…?
한국의 바이오테크
회사에서 왔습니다.

때는 2010년,
한국파스퇴르연구소 연구진이…
불철주야 연구~
한국파스퇴르연구소: 독자 연구 및 프랑스 파스퇴르연구소와의 공동 연구를 진행하는 생명공학연구소. 해외 유명 연구소를 국내에 유치하는 과학기술정보통신부 사업의 일환으로 2004년에 설립됐다.
진일보한 약효 탐색 시스템을 개발하여
새로운 결핵 치료제를
탐색하게 됩니다.
그때 참 열심히 했지…

이때 한국파스퇴르연구소에서 구축한
약효 탐색 시스템을
세포 이미징 기반 페노믹스크린 PhenomicScreen
이라고 부르는데…

한국파스퇴르연구소의
페노믹스크린 방식은
완전히 다른 기전의 신약을 발견할 수
있는 가능성을 내포하고 있었고,
예상은 그대로 적중했습니다.

바둑계에서 알파고AlphaGo가 일으킨 파란은
AI는 전통적으로 사용해 온 바둑 방식에
얽매이지 않고 수를 둔다는 것.

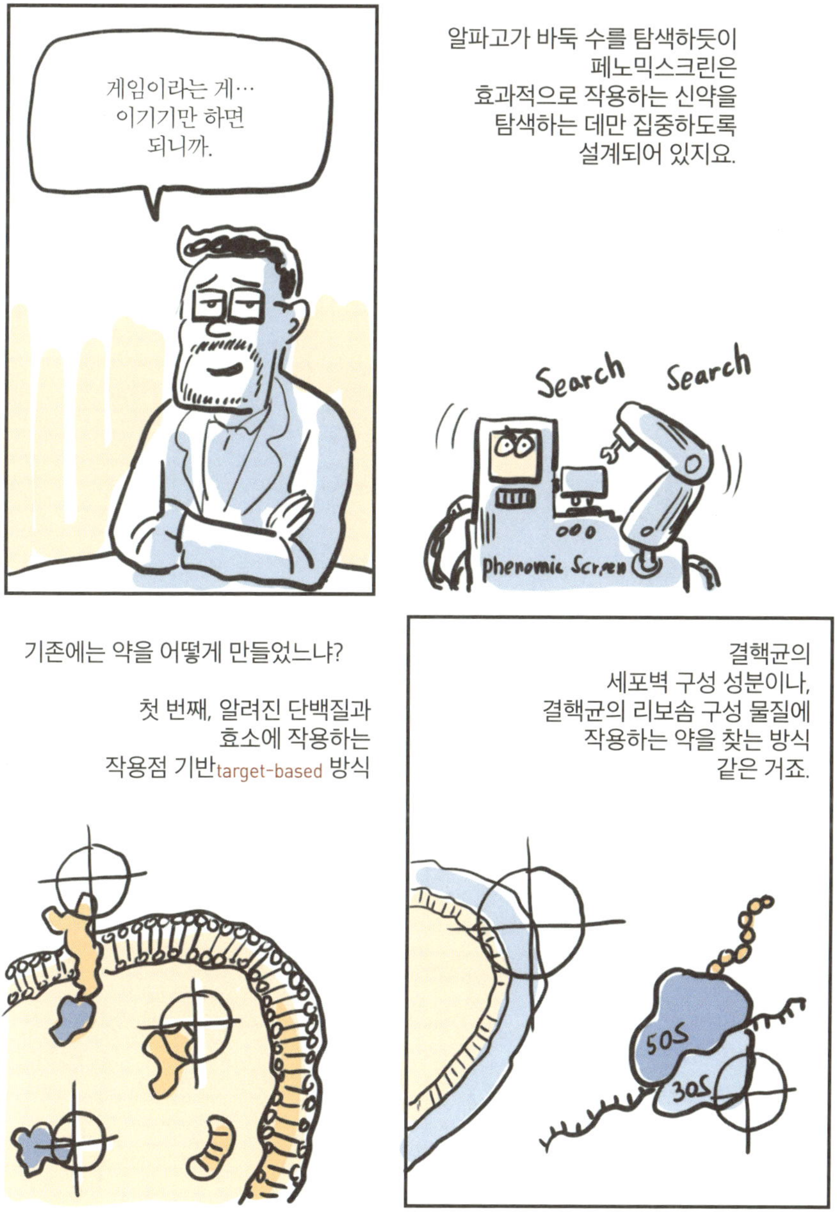
게임이라는 게…
이기기만 하면
되니까.
알파고가 바둑 수를 탐색하듯이
페노믹스크린은
효과적으로 작용하는 신약을
탐색하는 데만 집중하도록
설계되어 있지요.
Search
Search
Phenomic Screen
기존에는 약을 어떻게 만들었느냐?
첫 번째, 알려진 단백질과
효소에 작용하는
작용점 기반target-based 방식
결핵균의
세포벽 구성 성분이나,
결핵균의 리보솜 구성 물질에
작용하는 약을 찾는 방식
같은 거죠.
50S
30S

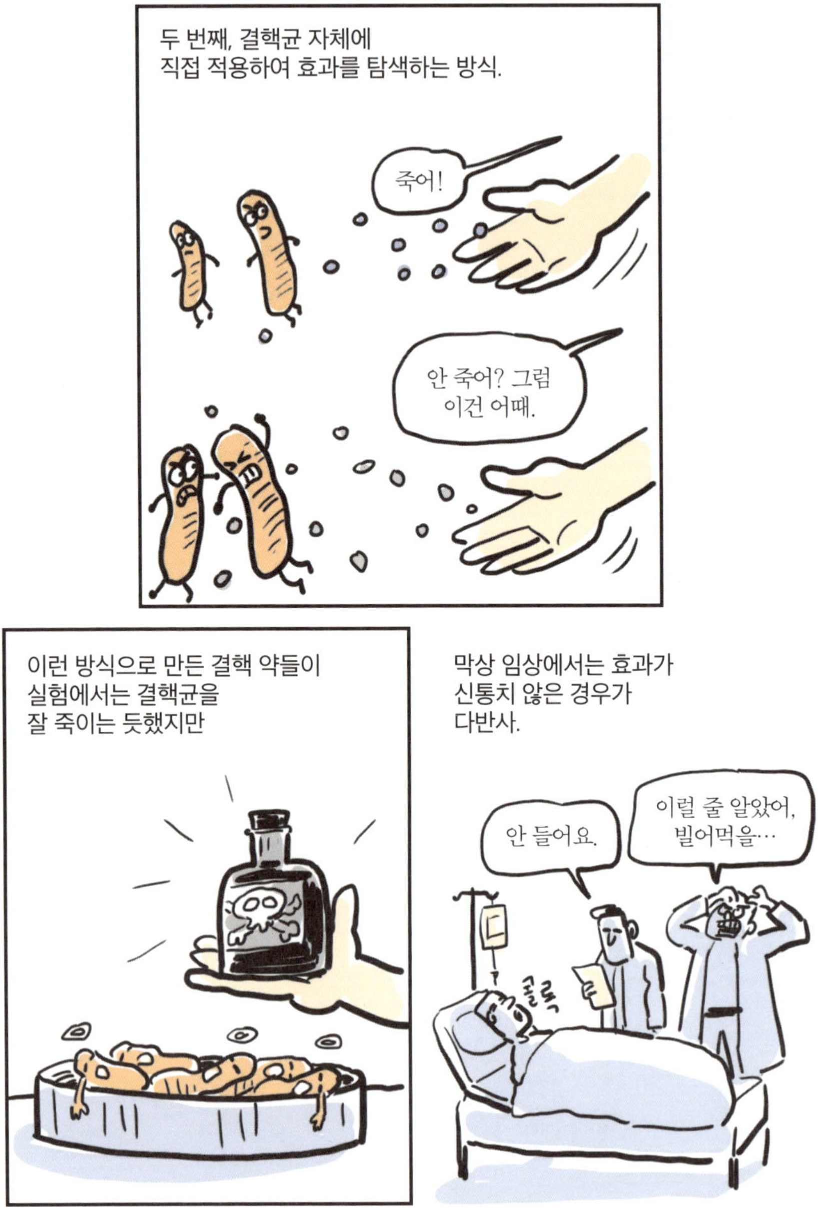
두 번째, 결핵균 자체에
직접 적용하여 효과를 탐색하는 방식.
죽어!
안 죽어? 그럼
이건 어때.
이런 방식으로 만든 결핵 약들이
실험에서는 결핵균을
잘 죽이는 듯했지만
막상 임상에서는 효과가
신통치 않은 경우가
다반사.
안 들어요.
이럴 줄 알았어,
빌어먹을…
골록

잘 세팅된 실험 조건 안in vitro에서 나오는 결과가
실제 생체 내in vivo에서도 동일하게 나오란 보장은 없다.
실제로 별로 없다.

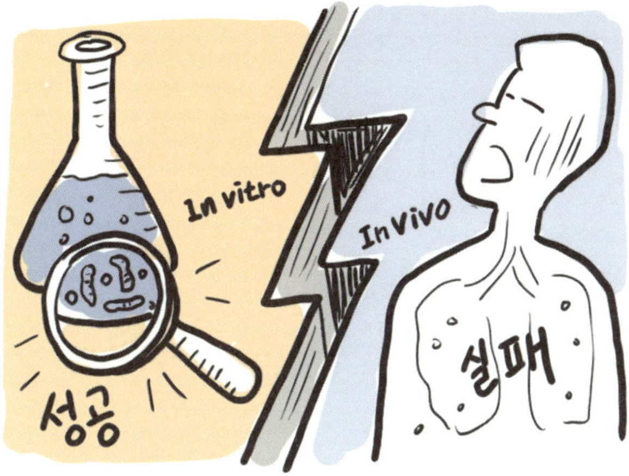

결핵균이 포함된 대식세포를 통째로 꺼내서
실험하는 의도가 뭘까요?
결핵균의 서식 환경을 유지해서
약물의 효과를 확실히 하기 위함이죠. 화합물을 투입해
대식세포 안의 결핵균이 사멸하는 정도를
보려고 합니다.

이미 구축되어 있는 라이브러리에서
20만 종에 달하는 화합물을 장치에 순차적으로
투입합니다.
뭔가 굉장히
다양하게 준다~

그리고 대식세포 안에 있는
결핵균에 효과적으로 작용하는
화합물을 선별하는
과정을 이어나갑니다. 이걸 계속
반복, 반복.

허벌나게 방대한 작업이지만
우리의 페노믹스크린은
완전 자동화가 되어 있고
무지하게 빠르다는 것.
고생한다.
밥 먹고 올게~
Yes sir~

*머신러닝machine learning 인공지능 연구 분야 중 하나로, 인간의 학습 능력과 같은 기능을 컴퓨터로 실현하고자 개발한 기술.

페노믹스크린이 결핵균에 효과를 발휘하는 화합물을 찾는 과정은 알파고 같은 AI가 하는 일과 비슷합니다.

페노믹스크린은 결국 가장 효과적으로 작용하는 극소수의 화합물을 찾아냅니다.

잠깐요…
이런 최첨단 연구를
우리 연구원들이
해냈다고요?
2010년에?
그랬지요.
엄청난 금액이 투입됐고
당시로선 완전 최첨단을 달리던…
연구를 완벽하게 통제하기 위해
연구실 수준도 최첨단.
영화에서나 보던
장면인데요!

투자한 만큼 연구 성과도 나왔죠!
결핵균에 치명적인 화합물을 발견한 겁니다.
놀라운 얘기는
지금부터 시작~
Telacebec
Telacebec

페노믹스크린 기술은 애초부터 '대식세포와 함께 있는 결핵균'의 사멸을 관찰하는 임무를 받았고

최적의 화합물질을 골라냈죠.

그 후 선택된 화합물질을
보완, 수정해
최종 물질로 완성!

그런데 과학자 입장에서 께름칙한 게 있다고 했죠. 그게 뭐냐면요…
녀석이 무슨 수로 결핵균을 제거하는지 모른다는 것.
투닥, 투닥
약의 기전을 모름.
왜 쳐다보세요?
난 몰라요.
phenomic Screen
페노믹스크린 탓이 아닙니다. 전혀~

페노믹스크린은 물건을 찾아주는 일을 할 뿐입니다. 굉장히 정확하고 빠르게 찾아 기특하기 이를 데 없는…
잘하고 있어.
텔라세벡의 작동 방식, 즉 기전은 다른 문제이고, 지금부터 그 부분을 파헤쳐야 합니다.
네가 한 일을 알고 싶다.
텔라세벡이 갤핵균의 어느 부분을 타깃으로 하고 있는가.
이것이 핵심이겠죠.
타앗
결핵 치료제가 분명하지만 작용 기전을 모르는 상태로 연구를 진행하고 있던 무렵…
이것 좀 보세요. 노바티스에서…

글로벌 제약 회사 노바티스의 열대병연구소에서도
텔라세벡과 비슷한 화합물을
개발하고 있었습니다.

노바티스는 결핵 치료제에 대한 자체 프로그램을 중단하기로 결정합니다.

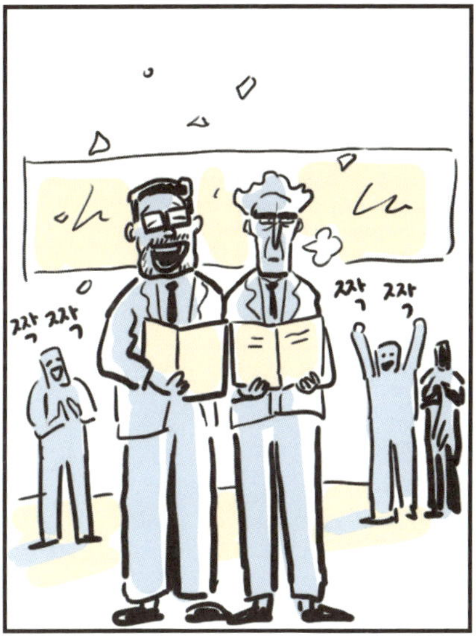

당시 노바티스 열대병연구소에서는 자체적으로 개발한 화합물에
'내성을 지닌 결핵균주'를 확보하고 있었습니다.

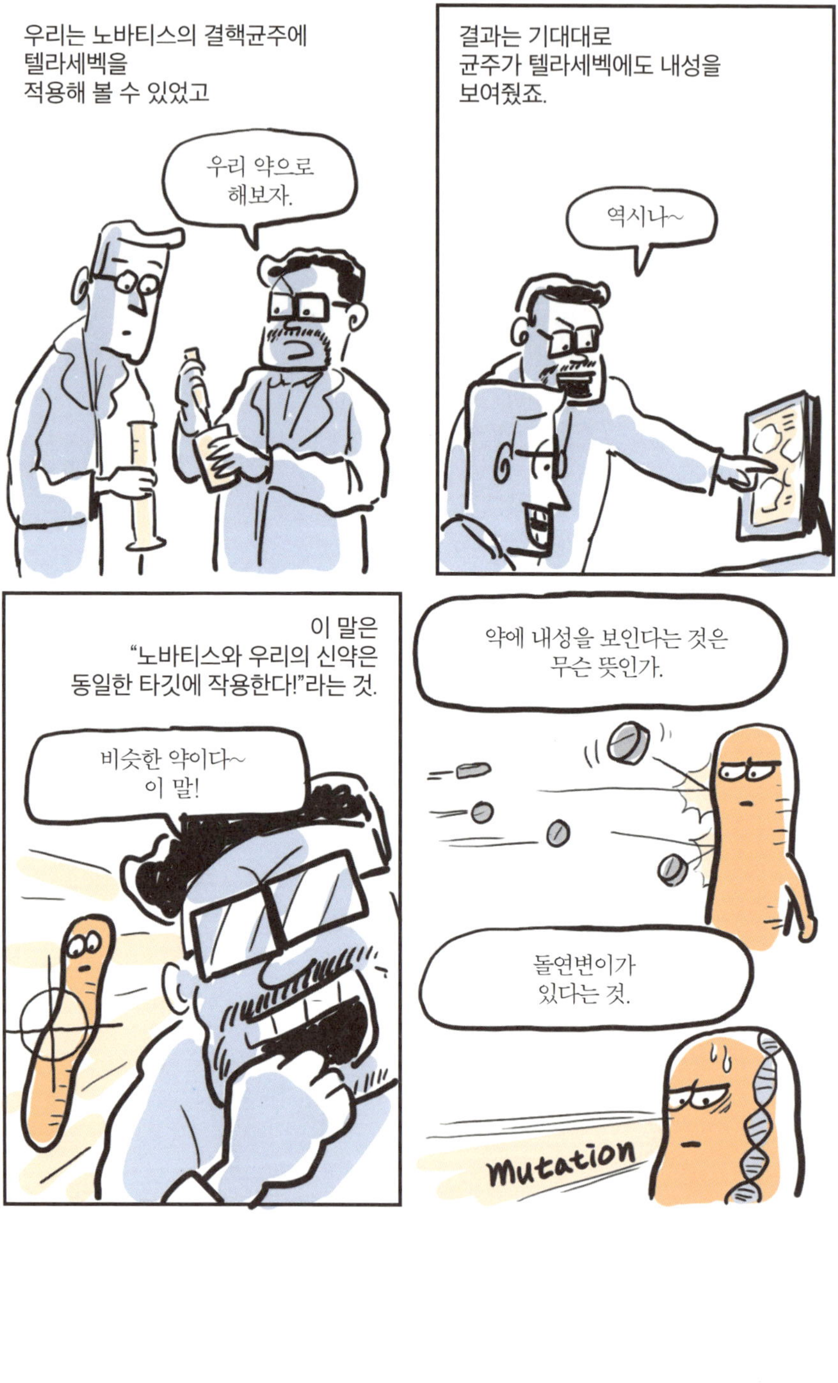
우리는 노바티스의 결핵균주에
텔라세벡을
적용해 볼 수 있었고
우리 약으로
해보자.
결과는 기대대로
균주가 텔라세벡에도 내성을
보여줬죠.
역시나~
이 말은
"노바티스와 우리의 신약은
동일한 타깃에 작용한다!"라는 것.
비슷한 약이다~
이 말!
약에 내성을 보인다는 것은
무슨 뜻인가.
돌연변이가
있다는 것.
Mutation

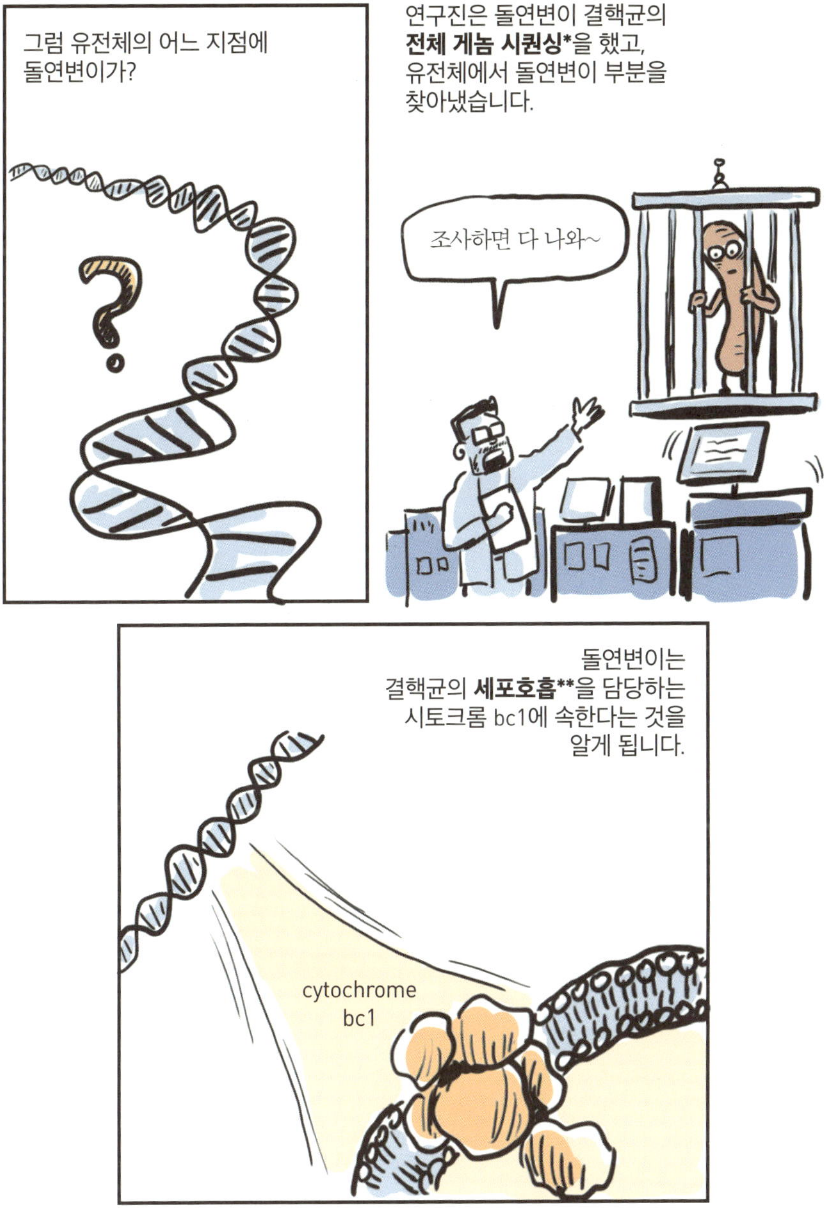

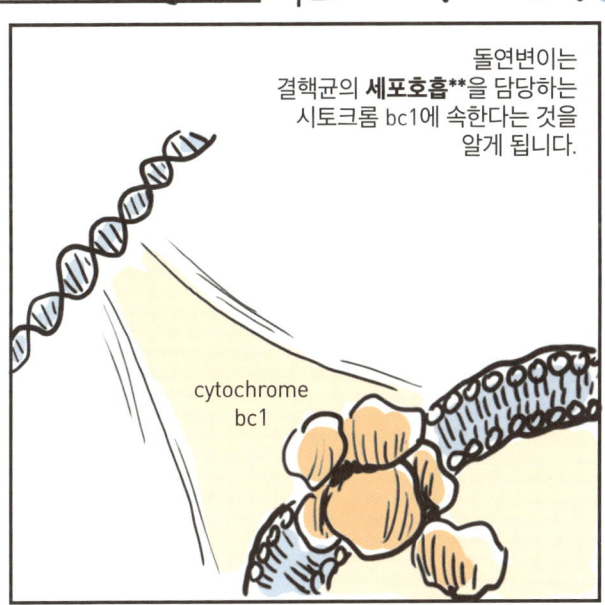

***전체 게놈 시퀀싱**whole genome sequencing 유기체 게놈의 DNA 염기서열 전체 또는 거의 전체를 한 번에 알아내는 과정. ****세포호흡**cellular respiration 생물체 속 포도당을 비롯한 유기물을 산화 과정을 통해 세포에서 사용할 수 있는 에너지 형태인 ATP로 전환하는 과정을 의미한다.

정확하게는 시토크롬 bc1 단백질을 암호화하는 유전체의 313번째 염기서열에 돌연변이가 발생했던 것이죠. 내성 결핵균주가 말이죠.

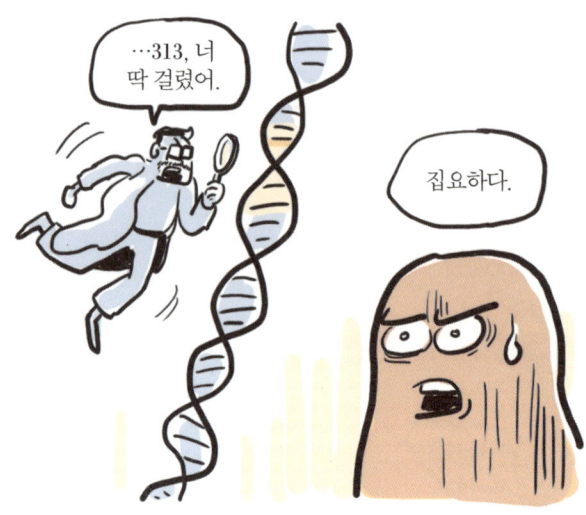

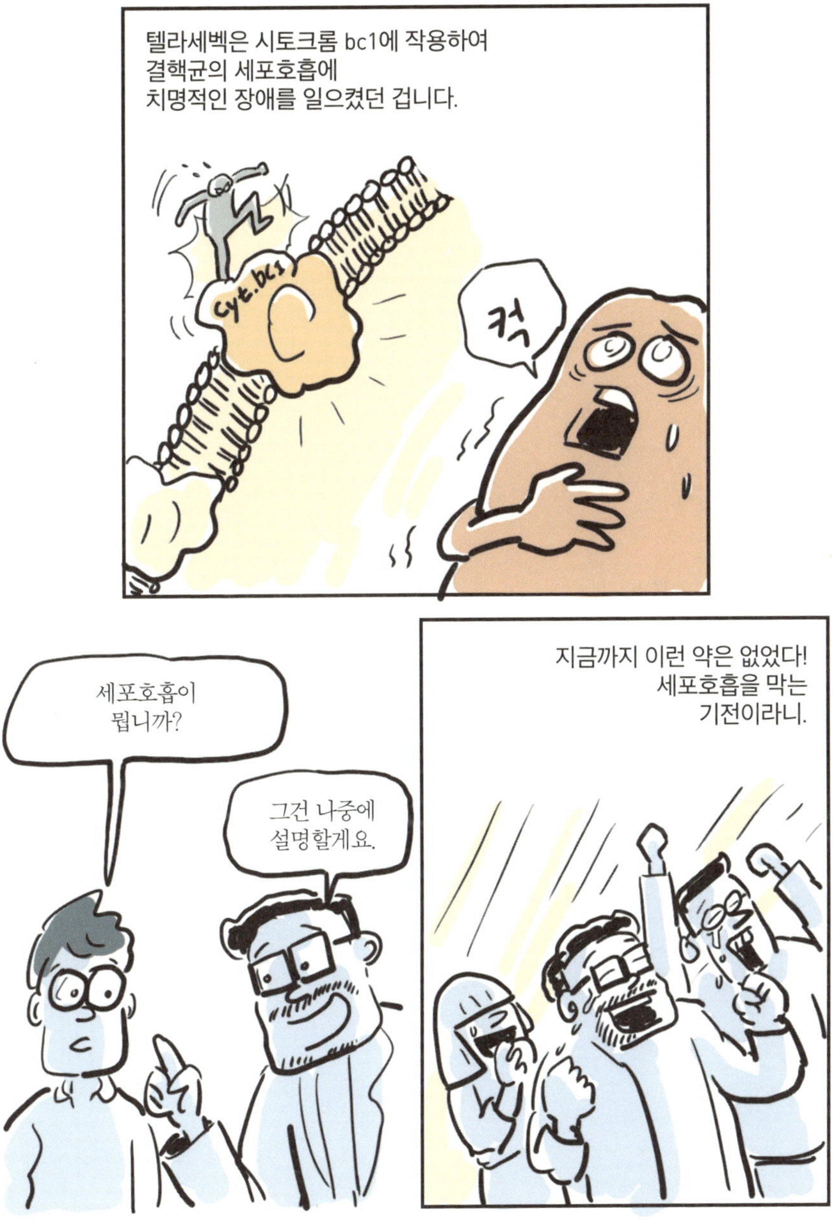
텔라세벡은 시토크롬 bc1에 작용하여
결핵균의 세포호흡에
치명적인 장애를 일으켰던 겁니다.
Cyt.bc1
컥
세포호흡이
뭡니까?
그건 나중에
설명할게요.
지금까지 이런 약은 없었다!
세포호흡을 막는
기전이라니.

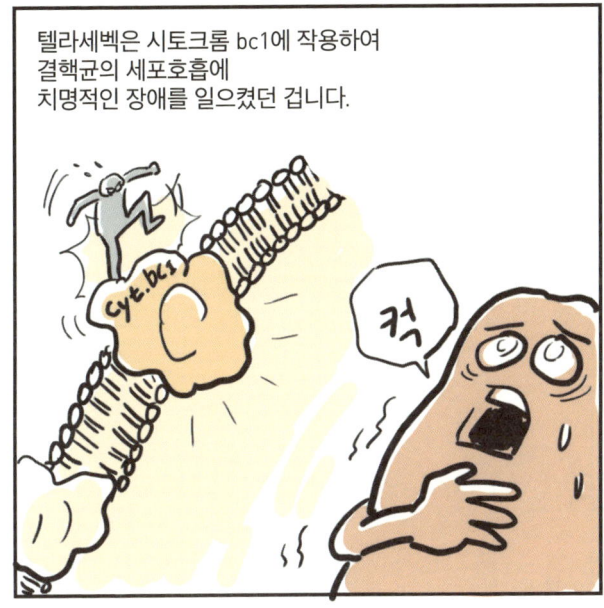

애초에 페노믹스크린 기술을 사용했을 때부터
발견될 약은 지금까지와 다른, 새로운 작용 기전으로
작용할 것으로 예상하지 않았습니까!
와~ 실제로 되다니…
감격이다, 정말.

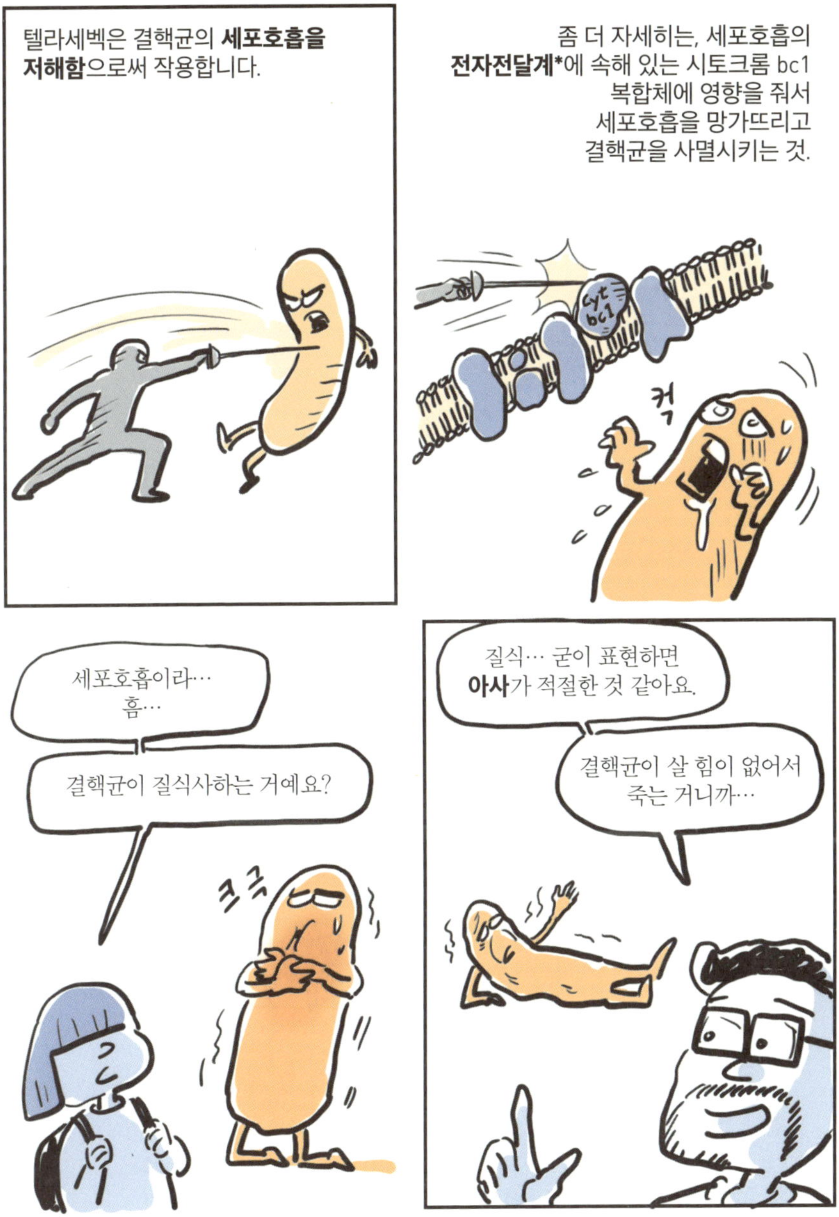

***전자전달계**electron transport chain 산화환원반응을 일으키는 미토콘드리아의 단백질 복합체 집단. 전자전달계에서 전자가 연쇄적으로 이동하는 작용을 통해 다량의 ATP가 합성된다.

아무래도 세포호흡에 대해 간단한 설명이 필요할 것 같네요.
네.

생명체는 에너지가 필요하죠.
광합성이나 음식 섭취를 통해 에너지원을 생명체 안으로 들여오면…

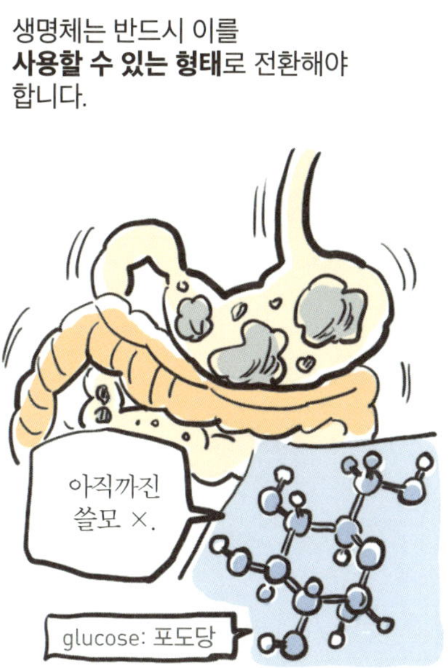
생명체는 반드시 이를
사용할 수 있는 형태로 전환해야
합니다.
아직까진
쓸모 ×.
glucose: 포도당

사용할 수 있는 형태의 에너지가
무엇이냐?
ATP입니다.
ATP, Adenosine Triphosphate

작은 세균부터 곰팡이, 소나무, 고래, 사람…
지구상 모든 생명이 예외 없이 공통으로 사용하는
유일한 에너지 형태죠.
NH₂
Adenosine
ATP
아데노신에 인산기가 세 개 달린 유기화합물.

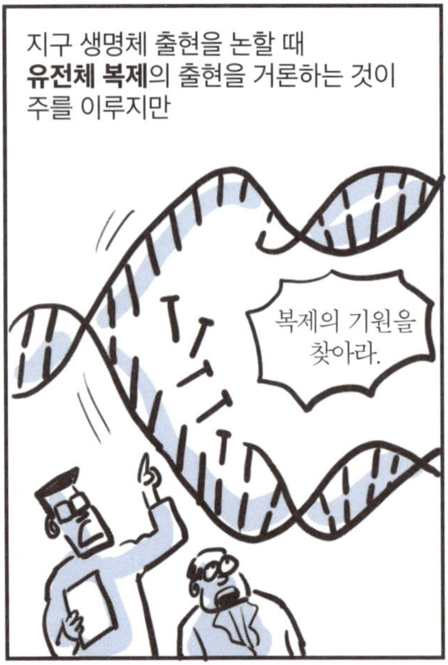

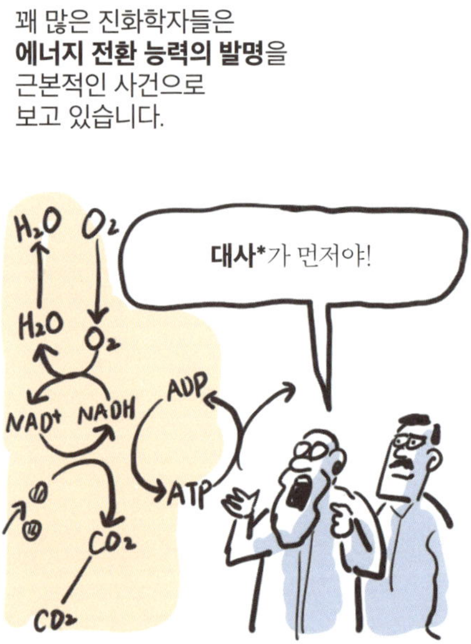

***대사**metabolism 영양물질을 통해 신체에 에너지를 만들고 다양한 과정에 사용하는 모든 화학적 변화를 통틀어 이르는 말.

하여튼 세포호흡의 전 과정을
여기서 말씀드리기란 불가능합니다.
내용이 너무 복잡하고
많아서…

단세포생물이든
우리 같은 다세포생물이든
모든 생명체는
세포로 되어 있죠.

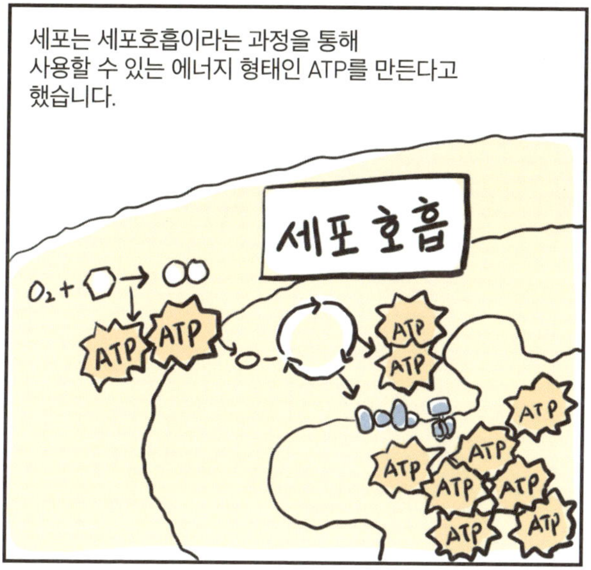

세포는 세포호흡이라는 과정을 통해
사용할 수 있는 에너지 형태인 ATP를 만든다고
했습니다.
세포 호흡
O_2 +
ATP

ATP는 생물계에서 통용되는
일종의 **공통 통화**라고
할 수 있습니다.

근데 ATP가 가진 에너지의 근원은 무엇이냐?!

그 이유… ATP는 세 개의 인산염이 나란히 붙어 있는데,
음전하를 가진 인산염이
서로 강하게 반발하지만

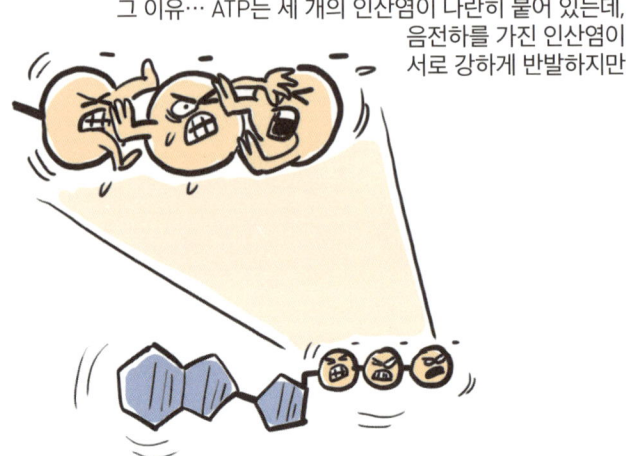

ATP의 구조는 이들을 강제로 붙들어 놓은 형상입니다.

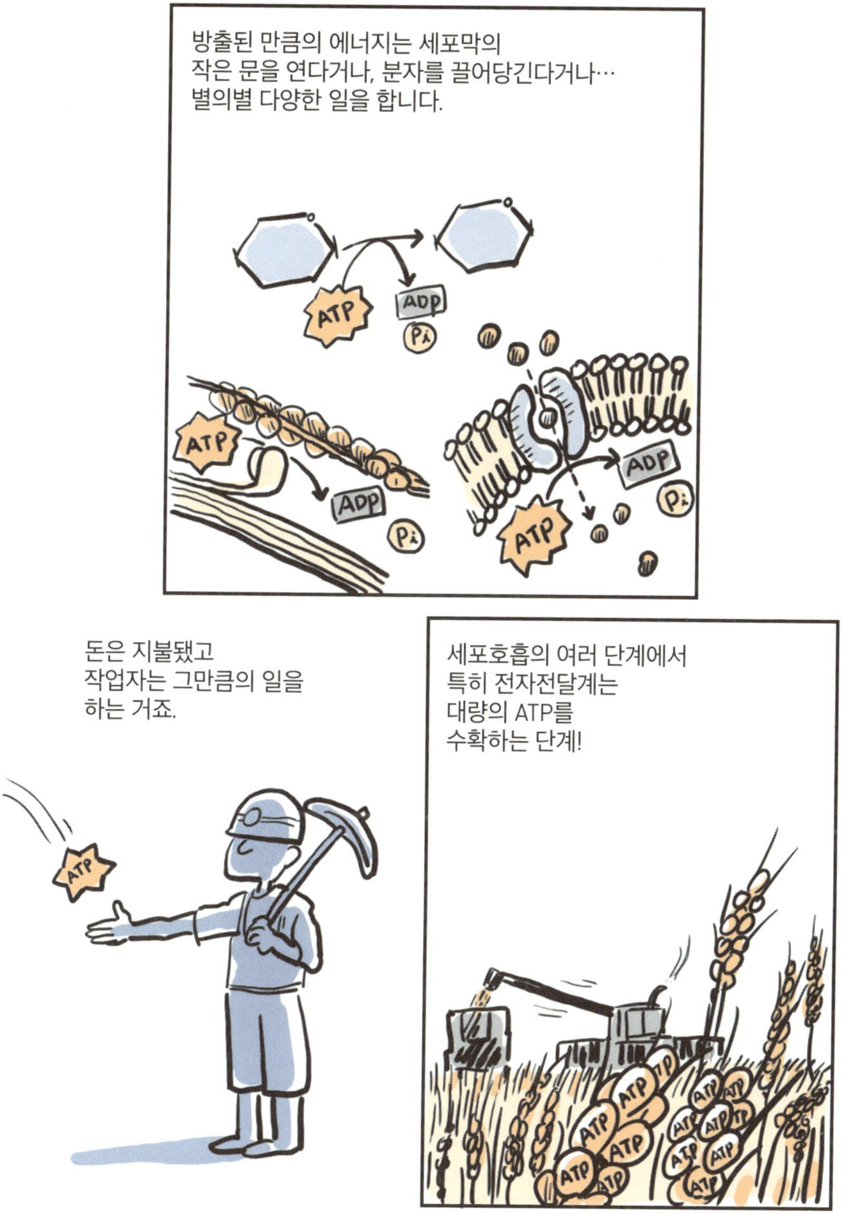
방출된 만큼의 에너지는 세포막의
작은 문을 연다거나, 분자를 끌어당긴다거나…
별의별 다양한 일을 합니다.
ATP
ADP
Pi
ATP
ADP
Pi
ADP
Pi
ATP
돈은 지불됐고
작업자는 그만큼의 일을
하는 거죠.
ATP
세포호흡의 여러 단계에서
특히 전자전달계는
대량의 ATP를
수확하는 단계!
ATP
ATP
ATP
ATP

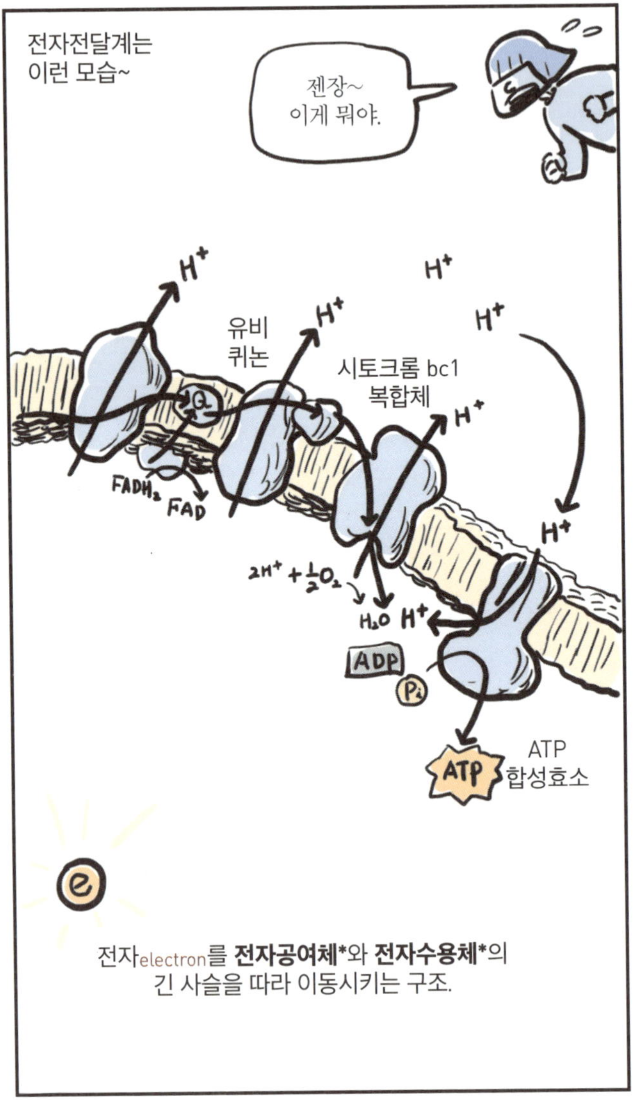

***전자공여체**electron donor, **전자수용체**electron acceptor 전자전달계의 산화환원 반응에서 전자를 제공하는 분자를 전자공여체, 전자를 받는 분자를 전자수용체라고 한다.

전자 이동이 가능한 원동력은
전자로 하여금 낮은 에너지 상태로
유도하기 때문.
훨씬 편해…

높은 곳에서 낮은 곳으로~
자연의 섭리죠.
쏴 아~

전자의 흐름에서 방출되는 에너지는 **양성자(H^+)***가 막을 관통하여 한쪽에서 다른 한쪽으로 이동하는 원동력으로 작용합니다.

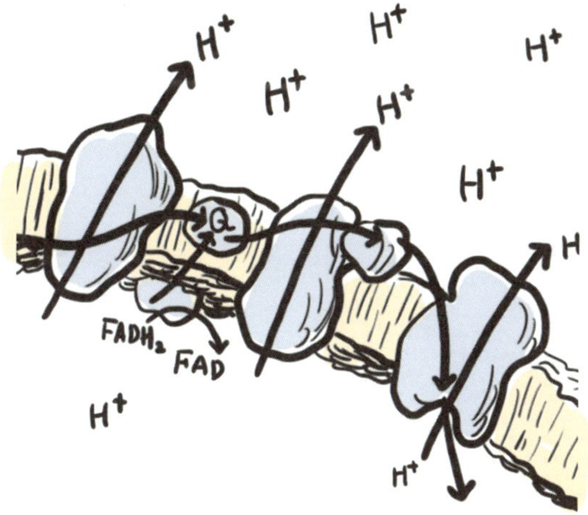

***양성자**Proton 원자의 핵에서 양전하(+)를 띤 입자.

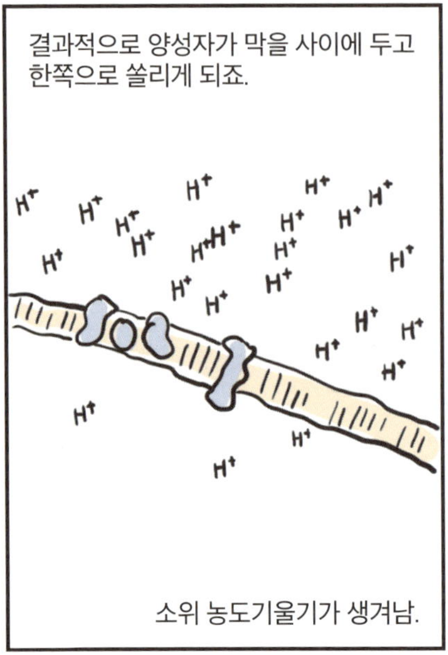
결과적으로 양성자가 막을 사이에 두고
한쪽으로 쏠리게 되죠.
소위 농도기울기가 생겨남.

이처럼 균등하지 못한 농도기울기는
대량의 ATP를 만드는 원동력으로
작용합니다!
Amazing~

댐에서 쏟아지는 물이
터빈을 돌리고 전기를 생산하는 것과
비슷!

경이롭지 않습니까.
이토록
창의적이라니!

여러분~ 전자 제품만 전자로 작동하는 것이 아니에요.
생명체도 따지고 보면 전자의 흐름…

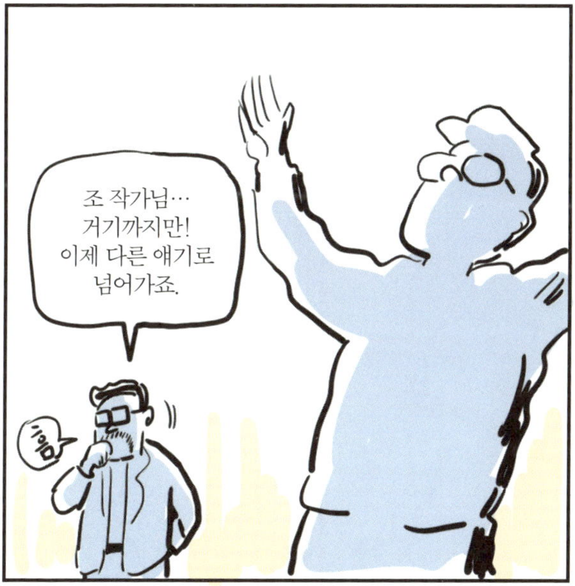
조 작가님… 거기까지만! 이제 다른 얘기로 넘어가죠.
흠

전자전달계 같은 어려운 얘기 말고 텔라세벡으로 넘어갑시다.
전자전달계 빼고 텔라세벡을 어떻게 설명합니까.
사람의 세포에도 전자전달계가 있잖아요. 텔라세벡 먹으면… 괜찮은 거예요?
당연히 사람한테도 전자전달계가 있죠.
좋은 질문이에요!

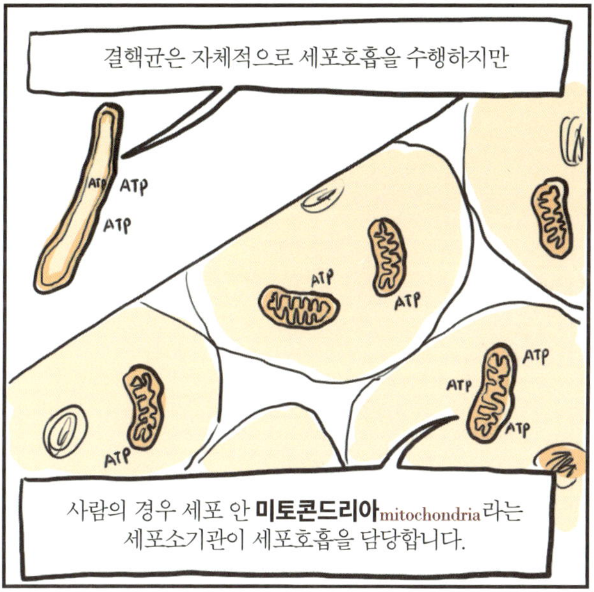

텔라세벡은 사람의 미토콘드리아에 있는
전자전달계의 요소,
시토크롬 bc1에는 아무런 영향을
주지 않으면서

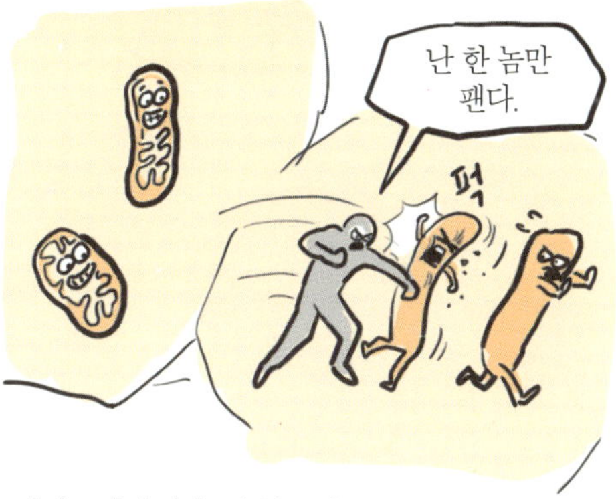

마이코박테리아*의 일종인
결핵균의 것에만 작용합니다.

***마이코박테리아**mycobacteria 결핵균, 한센병의 원인균인 나균 등이 포함되어 있는 세균의 총칭.

애초에 이렇게 선별적으로
작용하는 걸 찾은 거니까요.
네 덕이다.
Phenomic Screen
결핵균 그리고 사람의 미토콘드리아 둘 사이에
미세한 차이가 있다는 거죠.
생물은 같은 것을 공유하지만
완벽하게 똑같지는 않다는 것~
이 또한 생명체의 심오한 모습~
과학자들은 그 차이를 파고들고~
텔라세벡에는 다른 결핵 항생제와
구별되는 특별함이 있습니다.
기존의 약과는
전혀 다른 기전으로
작용한다는 것!
Telacebec

근래 새로운 결핵 치료제에 대한 요구 사항은 명확했습니다.

첫째, 결핵으로 확진됐을 때 환자의 결핵균 특성, 즉 약제감수성테스트를 통해서 알 수 있는 결핵균의 약제내성 여부와 관계없이, 즉각 투여해서 결핵균을 사멸시킬 수 있는 약이라야 한다는 것.

이것만으로도 치료 기간을
단축할 수 있지만
더 나은 효과로 투약 기간을
획기적으로 줄일 필요가
있다는 것.
정말 그 정도만
먹으면 된다고요?

텔라세벡은 이 같은 결핵 치료제의
요구 조건을
충족하고 있습니다.
바로 나~
Telacebec

결핵균의 ATP 합성을 막는
작용 기전 때문에 텔라세벡은 몸 안에 존재하는
결핵균을 보다 확실히 사멸시킬 수
있습니다.
ATP
컥

기존의 약은 결핵균이 활발히 분열하는
상황에서만 작용하는 등
결핵균의 사멸에 다소 소극적…

엎친 데 덮친 격으로 약에 내성이 있는 결핵균도 있습니다.
이런 경우는 치료가 정말 어려웠죠.

텔라세벡은 싸우는 방식이 기존의 항생제와 전혀 다르기 때문에
다제내성결핵, 광범위내성결핵에도
일반 결핵에서와 다를 바 없이 치료 효과를 거둘 수 있습니다.

기존 약의 특성,
오랫동안 복용해야 했던 아쉬움을
극복했고

향후 텔라세벡은 결핵으로 진단됐을 때
바로 투약할 수 있는 1차 치료제의
강력한 후보가 될 것입니다.

또한 텔레세벡은 기존의 치료제와 함께 투약해도 아무 문제가 없는 것으로 확인됩니다.
왼발, 왼발~ 이동 중에 군가 한다.

작용 기전이 전혀 다르다는 점에서 예상은 됐지만,
실제로 실험에서도
다른 항생제와 상호작용이 거의 없다는 것이
확인됐죠.

예상대로군~

텔라세벡을 투입한 환자의
배설물을 보면
원래의 텔라세벡
그대로 있다는 것parent form을
확인할 수 있는데
생존~
이 결과는
다른 항생제의 영향을
안 받는다는 증거죠.
저랑 상관없이
열일 하더라고요.
Telacebec
여러모로 텔라세벡은
그동안 꿈꾸던 차세대 결핵 치료제로서의
면모를 갖추고 있는 거죠.
녀석~ 이 정도일 줄은 몰랐어.

텔레세벡은 결과만큼이나 과정에 대한 자부심도 크죠.

파스퇴르연구소의 약효 탐색 시스템,
페노믹스크린 기술의
적극적인 활용…

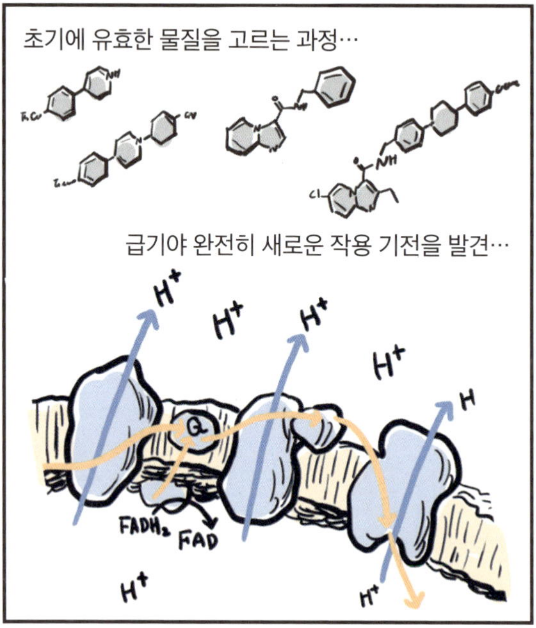
초기에 유효한 물질을 고르는 과정…
급기야 완전히 새로운 작용 기전을 발견…
H+
FADH2
FAD
Q

페노믹스크린, AI 활용 등은 다른 제약사에도 영감을 불러일으켰죠.
유 아 더 마스터~
특히나 한국에서는 사례가 드문 혁신 신약이 될 겁니다.
우리 바이오테크 회사가 돈을 벌기도 해야겠지만
결핵 퇴치라는 공공 이익에 기여한다는 거…
우리 일이 정말 자랑스럽습니다.

텔라세벡이 고유한 작용 기전을 가졌다는 것…
세포호흡을 막는, 즉 에너지 대사를 차단하는 작용 기전 말입니다.
이는 텔라세벡이 내성 결핵뿐만 아니라 다른 모든 형태의 결핵을 치료할 수 있다는 것이고…
더 나아가 다른 종류의 감염병도 치료할 가능성이 크다는 거죠.

결핵균이 마이코박테리아에 속하니까… 다른 종류의 마이코박테리아 감염병에도 효과가 있을 겁니다.
이 예측은 사실로 드러납니다.

텔라세벡은 결핵 말고도 **부룰리 궤양**이라는 희귀 질환에 효능을 보여주었습니다.
너도 맞자.
퍽
Mycobacterium ulcerans

부룰리 궤양은 호주, 일본… 특히 아프리카에서 발생하는 희귀 질환.
꺅~
피부가 심하게 괴사하는 병.

보통은 대략 8주 동안 여러 종류의 항생제를 처방하고, 경우에 따라서는 수술을 통해 감염 부위를 제거하는 치료법도 사용합니다.
그러나 부룰리 궤양이 주로 발생하는 곳은 서아프리카 같은 열악한 환경…
많은 종류의 항생제를 장기간 복용케 한다는 건 쉬운 일이 아니죠.
안 먹어. 나도 몰라.
부룰리 궤양은 겉으로 드러나는 심한 증상에 반해 고통이 거의 없는 것이 특징입니다.
있잖아… 안 아프다?!

그런데 항생제를 먹으면
끔찍한 고통이 되살아납니다.
꺅
항생제를 먹으며
극악의 고통을 두 달 넘게
견뎌야 한다는 거…
안 먹어. 그냥 죽을래.
왜 확실한 치료제가 없느냐!
짧은 기간 먹으면 낫는
그런 치료제.
희귀 질환이라서 그래요.
희귀 질환이 무서운 이유는
병이 독해서라기보다는
적절한 약이 준비되어 있지 않기 때문.
더 이상 약이 없다고요?

희귀 질환이라는 것은 곧 환자가 희귀하다는 것.
제약사에서 적극적으로 약을 만들 동력이 약합니다.
환자분들에게는 죄송합니다만… 약 하나 만들려면 돈이 얼마나 드는지 아셈?
pharmaceutical company

그런데 희귀 질환인 부룰리 궤양 치료에 텔라세벡이 특효가 있다는 연구 결과가 나왔습니다.
텔~ 텔~ 텔라세벡~~

부룰리 궤양을 유발하는 균은 결핵균과 같은 종류의 마이코박테리아! 텔라세벡이 그래서 통했던 거죠.
컥
Telacebec

이로 인해 텔라세벡은
미국 식품의약국FDA으로부터
희귀 의약품으로
지정됩니다.

희귀 의약품 지정
Orphan Drug Designation, ODD

희귀 의약품으로 지정되면
희귀 난치병 치료제 개발과 허가가
일반 치료제보다 수월해지는
지원이 뒤따릅니다.

낭보는 이어집니다.

한센병의 일종인 **마이코박테리움 레프레**Mycobacterium leprae 치료에 효능이 있다는 연구 결과!

그래도 뭐니 뭐니 해도 텔라세벡은 결핵이죠!

다제내성, 광범위내성 결핵균이
등장하면서
더 지독해지기까지 했고요.

텔라세벡은 **임상***을 거듭하면서
결핵 치료에 괄목할 만한 성과를 보여주었죠.

***임상 1~4상** 임상 1상에서는 20~80명 등 소수 인원의 건강인에게 신약을 투여, 인체에서의 약리 작용, 부작용 및 안전한 투여량 등을 결정한다. 임상 2상은 유효성과 안전성을 증명하기 위한 단계로 100~200명 내외의 환자를 대상으로 약리 효과 또는 적정 용량, 용법을 확인한다. 임상 3상은 효과, 효능과 안전성을 비교 평가하기 위한 시험이며, 시판 허가를 얻기 위한 마지막 단계의 임상시험이다. 임상 4상은 신약이 시판, 사용된 후 장기간의 효능과 안전성에 관한 사항을 평가하기 위한 시험이다.

이러한 성과는 TB얼라이언스와 텔라세벡 기술 이전 계약을 체결하는 것으로 이어졌습니다.

TB
TB얼라이언스 아시죠? 결핵 치료제를 위해 설립된 글로벌 기관.

결핵 및 기타 마이코박테리아 감염 치료 (부룰리 궤양, 한센병 등)를 목적으로 하는 기술 이전 계약입니다.
이번 기회에 저랑 같이 함 일해보입시더.
T B

사장님 실력에 내 힘이면

완전 살아 있는데~

현재 TB얼라이언스는 다제내성결핵 치료제로 허가 임상을 진행 중입니다. 상당히 희망적이죠.
그런데요. 우리가 지금까지 고생한 건 뭐가 됩니까? 계약이 좀…
어허~ 얘기 아직 안 끝났어요.

자~ 여러분에게 TB얼라이언스의 계약 내용에 대해서…
텔라세벡의 기술을 이전하고… 향후 텔라세벡이 FDA로부터 신약 허가를 받았을 때 발급되는 PRV(신약우선심사권) 권리를 받는다…
이런 내용에 대해 얘기해 드리죠.
과학자이자 비즈니스맨~ yo.
먼저, TB얼라이언스와 계약을 맺기까지의 스토리부터 시작해야겠어요.
그러시죠.

독자적으로 텔라세벡을 개발, 이미 임상 2A상을 진행하던 중
우하하하하. 베리 굿~
단 2주 동안 투여했는데 효과가 확실히 나타납니다.

임상 2B상을 통해 수개월간 텔라세벡을 투약하고 결과를 봐야 하는 다음 단계로 넘어가야 하는데…

아… 왜 슬프지.
우하하

2주간 투약해도 효과가 짱이었는데, 수개월간 테스트한다면 당연히 결과가 좋지 않겠어요?
두말하면 잔소리죠.

텔라세벡의 능력은 믿어 의심치 않지만
보다 현실적인 문제가
앞을 가로막고 있었으니…
아빠~ 난 언제 출세해?
Telacebec
신약이 세상에 나오기까지는 엄청난 자금과 시간이 소요되죠.
앞으로 임상을 마무리하기 위해선 지금까지와 규모가 다른 자금력과 실행력이 뒷받침되어야… 휴~

결핵 같은 감염병은 투자 순위에서 뒤로 밀려날 수밖에 없는 현실.

거대 제약 회사의 임상 인프라가 선진국에 집중되어 있다 보니,
개발도상국에 흔한 결핵 같은 질병의 치료제를 개발하는 데
무리가 있는 것도 현실이죠.

자금력과 실행력이 있고, 무엇보다
TB얼라이언스의 존재 이유가 바로 결핵 치료제 개발!

사실 이미 10년 전부터
TB얼라이언스와 텔라세벡에 대해
논의해 왔습니다.
TB
서로 이해도가 상당히 높죠.
아~ 사장님도 참.
하하
사실 업계에서는…
특히나 WHO 같은 국제기구에서는
이번 텔라세벡 기술 이전에
큰 관심을 가지고 있었습니다.
거대 제약 회사가 아닌
TB얼라이언스에서 주도하기 때문에
결국 결핵 신약이 나올 거란
기대 때문이었죠.
큰 회사라도 나중에 중단하는 경우가 많지.
TB얼라이언스가 같이 하니까 안심.
WHO

최선을 다해 만든 텔라세벡을
가장 믿음직스러운 파트너에게 전달한 겁니다. 이들은
텔라세벡 개발을 연이어서
잘해내겠죠.

TB

이것은 TB얼라이언스에도 개꿀~
으흐흐~
TB

WHO 가이드라인이 있는데
환자에게 세 가지 이상의 결핵 약을 병용해야 함…

TB얼라이언스에서는
프레토마니드, 베다퀼린
이렇게 두 가지를 이미 가지고 있었고,
딱 한 가지가 더 필요했죠.
TB
드래곤볼
완성이닷~
텔라세벡의 성공에
강렬한 한 줄기 빛이
깃든 겁니다.
이제 현실적인 이야기로
넘어가 보죠.
money

고생해서 만든
텔라세벡 기술을 이전하는 대가로
뭘 받았느냐.
이걸 알고 싶은 거죠?
돈 받은 거
아니에요?

과일 바구니를
받았습니다!

농담이고요. 돈 대신 향후 발급될
PRV 권리를 갖게 됐죠.
PRV

PRV가 무엇이냐?!
신약 우선심사권,
Priority Review Voucher.
PRV
보통의 기술 이전 계약에서는
최초에 계약금,
임상 개발 단계마다
마일스톤(단계별 기술료)을
받는데…
우리는 그 대신에 TB얼라이언스로부터
향후 FDA 품목 허가 시 발급될
PRV 권리를 받기로 했습니다.
나 비영리 기구잖아.
돈… 그런 거 막 주고
그럼 안 되거든요.
TB

더불어서 텔라세벡이 판매될 때 나오는
수익에 대한 로열티는
두둑하도록 합의했습니다.

4달라!

PRV는
FDA에서 발급하는,
PRV
문장 그대로 신약을 허가할 때
우선적으로 검토케 하는
바우처!
PRV

현금처럼 사용할 수 있는…
일종의 채권 같은 겁니다.
PRV

PRV는 제약사에서 희귀 질환 신약을
개발했을 때 FDA가 그 공로에 대해
제공하는 상, 인센티브 같은
성격을 띠고 있습니다.

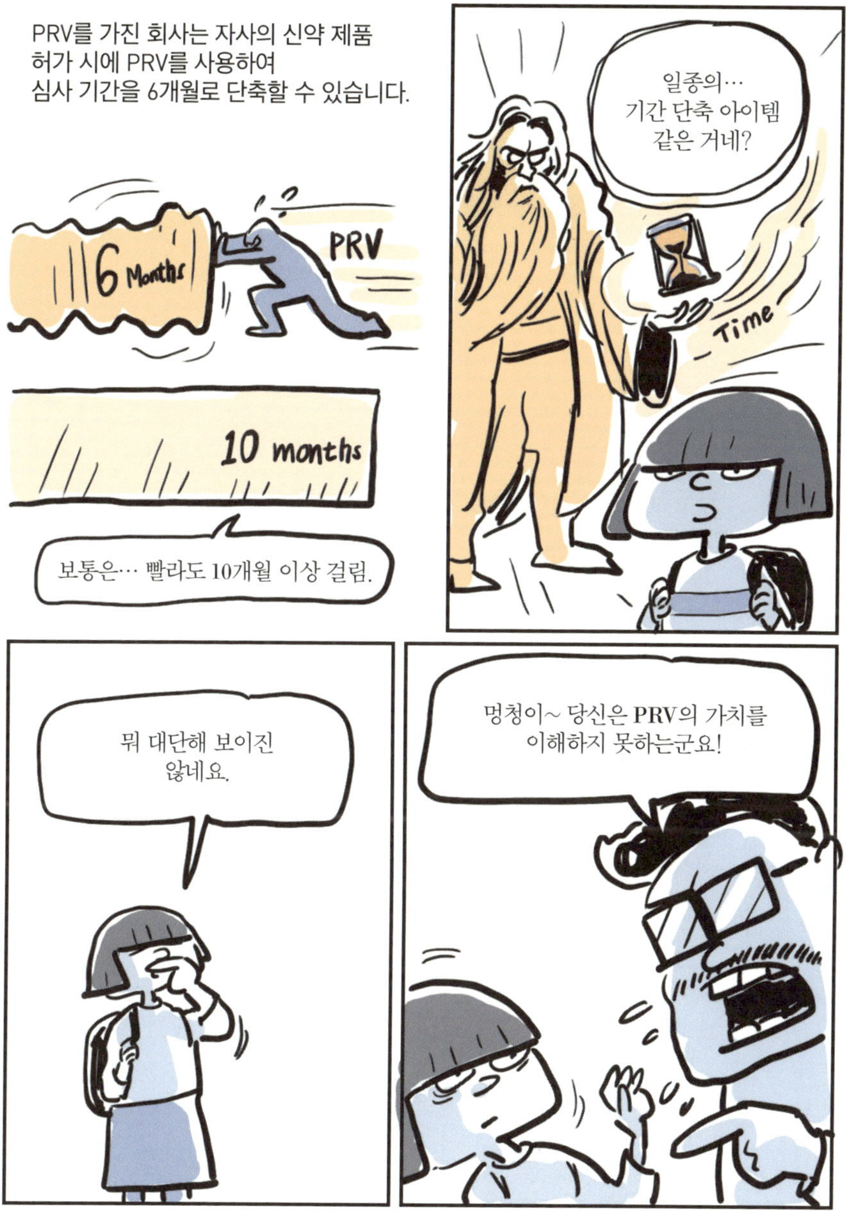
PRV를 가진 회사는 자사의 신약 제품
허가 시에 PRV를 사용하여
심사 기간을 6개월로 단축할 수 있습니다.
6 Months
PRV
10 months
보통은… 빨라도 10개월 이상 걸림.
일종의… 기간 단축 아이템 같은 거네?
Time
뭐 대단해 보이진 않네요.
멍청이~ 당신은 PRV의 가치를 이해하지 못하는군요!

심사 기간이 줄면 그만큼
빨리 신약을
시장에 내놓을 것이고

그 신약이 어마어마한 경제적 가치가 있다면, 개발 기간을 단축한 만큼 막대한 추가적인 수익을 창출할 수 있다는 뜻입니다.
제약사는 말이죠. 잠재력이 확실한 신약이라면 최대한 빨리 허가를 받는 데 사활을 겁니다.
시간은 돈이다~
이게 다가 아니에요. PRV 권리를 다른 회사에 팔 수도 있습니다!
$
PRV

불법 아니에요?
아닙니다. 원래부터 PRV 제도가 그래요.
PRV를 구매한 회사는 자사의 파이프라인 중에서 하나를 골라서 PRV 혜택을 누릴 수 있고요.
으하하하하
PRV
이해되죠? PRV가 얼마나 끝내주는지?
팔 수 있다… PRV가 얼마짜리예요?
정해진 가격은 없습니다.

지금까지 FDA에서 발급하여 지구상에 존재하는
PRV는 수십 개가 되는데…
실제로 회사 간 거래도 꾸준히 발생합니다.

최근에는 팬데믹으로 인해 코로나 백신과 치료제에도 PRV를 발급하는 바람에… PRV 발급이 늘어나면서 시장 가격이 1억 달러 수준으로 떨어지기도 했죠.

하지만 향후에는 PRV 발급이 급감할 수밖에
없는 상황…
~15 ~16 ~17 ~18 ~19 ~20 ~21
코로나 백신과 치료제는 이미 발급 대상에서 제외.
희귀 소아질환의 PRV는 2026년까지만 발급.
안 줄 거야~

이 말은 뭐겠어요?
공급이 줄어드니 PRV의 가격은
뛸 수밖에요.

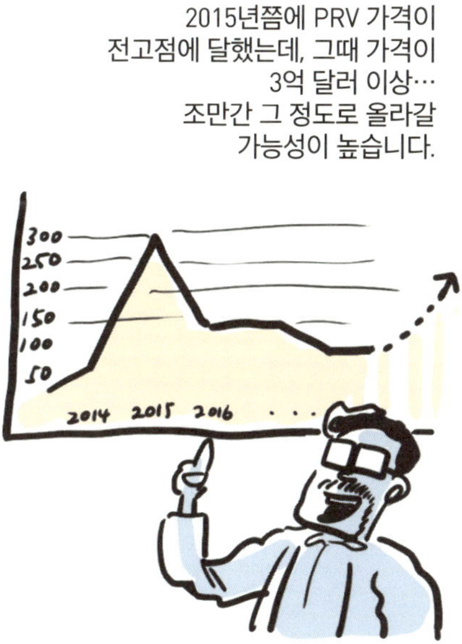
2015년쯤에 PRV 가격이
전고점에 달했는데, 그때 가격이
3억 달러 이상…
조만간 그 정도로 올라갈
가능성이 높습니다.
300
250
200
150
100
50
2014 2015 2016 . . .

텔라세벡이 결핵뿐만 아니라 부룰리 궤양, 한센병에도 확실한 효과가 있다는 임상 결과가 지속해서 나오고 있는데…
Telacebec
컥
악
이런 질병이 모두 PRV 발급 대상입니다.
소곤 소곤
텔라세벡이 결핵 치료제 간판을 달고 있지만 결핵이 아니라 부룰리 궤양 치료제로 PRV를 받을지도 모릅니다.
그럴 가능성도 꽤 커요.
인정합니다. PRV 만세~
아저씨 맘에 들어요.
이제 알겠죠?

어쨌든… PRV라는 제도…
참 어메이징하지
않습니까?
인류의 공익을 위해서는
많은 제약사에서 희귀 질환 치료제 개발에
뛰어들어야 마땅하지만
선한 마음만으로 도전할 수는 없으니…
흐흠…
쭈뼛쭈뼛.
PRV가 누구 아이디어인지 몰라도,
이 제도 때문에
제약사에서 희귀 질환 치료제를 개발할
충분한 동기를 부여받게
된 겁니다.
PRV
가자!
이래서 국회의원도 그렇고…
법, 제도 만드는 사람들이
똑똑해야 한다니까!
끄덕

자~ 텔라세벡에 대한 이야기는
얼추 다 한 것 같습니다.
결핵 치료제 텔라세벡은
우리에게 남다른 의미가 있어요.
훌쩍
결핵이라는
글로벌 제약 회사도 과감히 도전하기
어려운 난제를 풀었고
결핵
공공의 이익을 추구하면서
동시에 회사의 이익도 수확하는
이상적인 스토리를
만들어 냈습니다.
멋지다~

바이오테크 회사로서 세계 최초로
시토크롬 bc1 복합체를 저해함으로써 작동하는
새로운 항생제를 개발했다는 것.

이제 여행의 종착역에 도착했습니다.
항암제와 함께한 여행… 좋은 여행 되셨나요?
END

여러분은 이번 기회에 첨단 바이오 기술이 총동원되는 항암제 개발의 최전선을 조금이나마 엿보았습니다.
현재진행형인 수많은 신약 중에 우리는 딱 서너 개의 신약을 살펴본 겁니다.

이 분야를 이해하는 것이 여간 어려운 일이 아닙니다. 말도 못 하게 복잡하죠.
다른 기술 분야도 복잡하기란 마찬가지지만 바이오 분야는 생명체만의 독특한 복잡성 때문에 도전자들이 엄청난 고생을 합니다.
예외가 많고 우발적인 사건이 여기저기서 펼쳐지기도 합니다.
그럼에도 불구하고 과학자들은 거대한 수풀에서 바늘을 찾는 심정으로 최선을 다하고 있습니다.
BIO

이 여행을 끝냈다는 건 몇 가지 항암제와 결핵 치료제의 구체적인 기전을 이해하게 되었다는 것! 쉽지 않은 여정을 성공적으로 마친 것을 축하드립니다! 자부심을 가져도 좋을 것 같습니다.
고생하셨어요~
짝 짝

어린이, 청소년 여행자에게는 앞으로 훨씬 거대해질 바이오테크 시대에 자신의 진로를 가늠하는 계기가 되었길 바랍니다.
그럼, 안녕~

바이오테크 익스프레스

2023년 봄, 국내 한 바이오테크 회사로부터 연락을 받았습니다. 회사에서 개발하고 있는 핵심 신약들을 소재로 한 만화 집필을 요청한 것입니다. 미팅 후 즉답을 주지 못하고 며칠을 고민했습니다. 너무나도 '현재진행형'인 소재였기 때문입니다. 대표님의 표현대로 "살아서 펄떡펄떡 뛰는 날것"이었죠.

바이오테크 분야, 특히 항암제 개발 분야는 관련 이슈가 하루가 다르게 업데이트됩니다. 만화가 완성된다고 해도 그사이 낡은 것이 될 수 있고 자칫하면 폐기될 수도 있습니다. 사실 다루는 내용이 매우 전문적이어서 잘 소화하고 성공적으로 그려낼 수 있을지도 큰 고민이었습니다.

도전하는 쪽으로 결론을 내린 이유 중 하나는 현재진행형의 강점을 어필한 대표님의 말이었습니다. 지금까지 제가 만든 모든 과학 만화에서는 수백 년 동안 쌓여 정착된, 교과서에 오를 만한 내용을 주로 다뤘습니다. 하지만 어쩌면 '날것'이야말로 과학의 본질일지 모른다는 생각을 했습니다. 본래 과학은 선형적으로 진보하지 않습니다. 차라리 갈지자 행보에 가깝습니다. 제임스 왓슨의 『이중나선』이라는 책이 오랜 시간 명작으로 남아 있는 이유는 당시 벌어진 분자생물학의 최전선을 본모습 그대로 담아냈기 때문입니다. 『이중나선』을 생각하며 과학의 또 다른 진면모를 떠올렸습니다.

한편으로 바이오테크 회사의 '과학 만화'를 만들어 달라는 참신한 제안에 의무감이 파도처럼 밀려왔습니다. 기대를 저버릴 수 없는 또 하나의 이유였습니다. 의약품의 기전을 다루는 만화라니요. 이런 시도를 또 누가 할 수 있을까요. 자신들이 하고 있는 일에 대한 가치와 자부를 최대한 많은 사람들에게 알리고자 하는 마음을 전달받았습니다. 개인적으로는 새로운 분야에 대한 도전 의식이 솟은 데다, 최근 바이오테크 발전 현황을 어깨 너머로 엿볼 수 있는 기회까지 생겨 즐거운 경험이 되었습니다.

1년의 작업 기간, 적지 않은 작업량에 고달파하면서도 프로젝트는 착실히 진행됐습니다. 만화는 웹툰 형식으로 매주 업로드됐고, 업계에 알려지며 호평도 많이 나왔습니다. 여러 즐거운 피드백을 받으며 기쁜 마음으로 프로젝트를 마무리할 수 있었습니다. 이제 그간 제가 쏟은 노력과 그 과정에서 얻은 지적 즐거움을 한 권의 책으로 엮어 대중에게 선보이게 됐으니, 보람차고 기쁜 마음을 감추지 않겠습니다.

참, 또 한 가지 좋은 소식이 있습니다. 책의 소재가 된 의약품들이 현재까지 임상 과정을 성공적으로 밟아가고 있고, 긍정적인 후속 연구들이 연이어 나오고 있습니다. 앞으로 결실을 지켜볼 일만 남은 듯합니다.

감사의 말을 남기며 글을 마치겠습니다.

최초로 프로젝트를 구상하고 제안해 주신 유창연 부사장님의 안목과 선견지명 대단했습니다! 훌륭한 아이디어, 멋졌습니다. 김재승 소장님과 회사 여러분들의 많은 도움과 응원 정말 감사했습니다. 남기연 대표님은 프로젝트 내내 많은 시간을 들여 세심하게 설명해 주셨습니다(난도가 상당했지만). 만화를 완성하는 데 절대적인 도움이 됐습니다. 지적 배움보다 더 소중하고 감사한 것은 평생 의학이라는 분야를 이끌어 가고 있는 사람의 자세가 무엇인지를 알게 해주셨다는 것입니다. 잊을 수 없을 겁니다.

2024년 12월

조진호